COFFEE ART

咖啡拉花藝術

COFFEE ART
咖啡拉花藝術

瑞昇文化

TITLE

咖啡拉花藝術

STAFF

出版	瑞昇文化事業股份有限公司
作者	丹·塔芒 Dhan Tamang
譯者	黃亭蓉
創辦人 / 董事長	駱東墻
CEO / 行銷	陳冠偉
總編輯	郭湘齡
文字編輯	張聿雯　徐承義
美術編輯	李芸安
校對編輯	于忠勤
國際版權	駱念德　張聿雯
排版	洪伊珊
製版	明宏彩色照相製版股份有限公司
印刷	龍岡數位文化股份有限公司
法律顧問	立勤國際法律事務所　黃沛聲律師
戶名	瑞昇文化事業股份有限公司
劃撥帳號	19598343
地址	新北市中和區景平路464巷2弄1-4號
電話 / 傳真	(02)2945-3191 / (02)2945-3190
網址	www.rising-books.com.tw
Mail	deepblue@rising-books.com.tw
港澳總經銷	泛華發行代理有限公司
初版日期	2024年10月
定價	NT$420／HK$131

ORIGINAL EDITION STAFF

Publishing Director	Trevor Davies
Art Director	Yasia William-Leedham
Senior Editor	Leanne Bryan
Copy Editor	Abi Waters
Photographer	Jason Ingram
Designer	Sally Bond
Production Controller	Sarah Kulasek-Boyd
Additional Text	Leanne Bryan
	Ellie Corbett
	Trevor Davies
	Abi Waters

國家圖書館出版品預行編目資料

咖啡拉花藝術/丹·塔芒作；黃亭蓉譯.
-- 初版. -- 新北市：瑞昇文化事業股份
有限公司, 2024.11
128面；14.8X 21公分
譯自：Coffee art
ISBN 978-986-401-779-9(平裝)
1.CST: 咖啡
427.42　　　　　　　113014332

Contents

序言   6

—製作基底   7
—基本圖案   9

直接注入拉花法   14

直接注入拉花法以及雕花法   38

模板法   72

3D雕塑法   88

黑帶級咖啡師   104

索引   126

Introduction

我出身尼泊爾的加德滿都，搬到英國學習各種咖啡知識，已經有六年的時間了。從第一份咖啡師工作開始，我就與咖啡墜入愛河。每天都能為客人端上特製的拉花咖啡，讓他們展露笑容，還有什麼工作比這更棒呢？

進行咖啡工作越久，我的熱情也日益增加。一直以來，我都想潛心鑽研這項工藝，並環遊世界，進一步學習並分享我的知識。我的勤勉和熱誠，引領我拿下英國拿鐵藝術冠軍五次之多。現在，透過本書中漂亮的拉花設計，我想與坐在家中的你分享我對咖啡的熱情和見解。

只要一點點的耐心跟練習，任何家庭咖啡師都能學會最精妙的咖啡之藝。本書中的拉花設計會示範如何在咖啡頂端創造出完美的圖案。從高雅的設計到天馬行空的3D雕塑；從掌握基本的倒咖啡技巧到更加複雜的黑帶級設計，你都會逐一學習。本書有超過60種設計任你嘗試，而讀完全書後，你便會學到如何使用直接注入（free pour）、雕花（etch）、模板（stencil）和雕塑來創造出絕妙的圖案，驚豔晚宴賓客和家人們。

我需要什麼器材呢？

創造咖啡藝術所需工具不多，以下列出一些基本器具：

★ 製作濃縮咖啡的咖啡機。

★ 奶泡器（milk frother）——從基本款到你能負擔得起的高級款皆可，用來為牛奶加入蒸氣，並打發成奶泡，製作出拿鐵、卡布奇諾和寶貝奇諾（babyccino，譯注：牛奶和奶泡組成的兒童飲品）。你可以選擇一組附帶蒸氣管（steaming wand）的咖啡機來滿足所有需求，但使用基本的奶泡器也能達到相同的成果。

★ 拉花杯——用來將完成的奶泡倒入濃縮咖啡中。

★ 一組尺寸不一的咖啡杯——從小型濃縮咖啡杯到大型的卡布奇諾杯，根據你的咖啡需求而定。

★ 雕花工具——你可以使用任何工具來進行雕花，例如：小湯匙的把柄，或是錐鑽（bradawl）（木工工具）、雞尾酒針或是烤叉。

★ 一塊濕布——在雕花過程中，用來將雕花工具擦乾淨。

★ 食用色粉——為奶泡上色。

★ 厚卡紙和美工刀——為你的咖啡藝術作品創作圖案模板。

熱牛奶和打奶泡

要製作基底，會需要先將蒸氣釋出至牛奶中，並打出奶泡，再倒入濃縮咖啡中（詳見右頁）。泡沫應呈現絲絨質感。奶泡的量根據所使用的咖啡杯大小而定。若使用300毫升（10液體盎司）的咖啡杯，會需要235毫升（8液體盎司）的冷牛奶。奶泡應打至攝氏60度C（華氏140度F），除非是製作寶貝奇諾，奶泡溫度則不應超過攝氏50度C（攝氏122度F）。

「咖啡油脂(crema)」是什麼?

對拿鐵藝術來說,「咖啡油脂」和奶泡的組合是不可或缺的。「油脂」就是在倒咖啡的過程中,自然形成在頂端,呈現絲絨質地和巧克力色的濃縮咖啡層。拉花之藝仰賴倒入奶泡時所維持油脂和白色奶泡的對比,來創造出圖案。單單將牛奶倒入咖啡當中,而不遵照下列基本步驟的話,便會破壞油脂的結構,咖啡頂端也無法產生美麗的圖案了。

製作基底
Creating the Base

注入基底時,應專注使咖啡油脂總是保持在頂端。

1

將濃縮咖啡倒入任何尺寸的杯中(我們這裡使用的是 300 毫升/10 液體盎司容量的咖啡杯)。握住杯身,杯子把手朝向你的身體,杯身傾斜 45 度。

2

從高於液面約 8 公分(3 吋)處,將熱牛奶注入咖啡中央。牛奶會與濃縮咖啡混合,但咖啡油脂則留在表面,形成蓬鬆的泡沫層。

3

保持穩定的流量注入牛奶,彷彿在液面上畫一個微笑一樣,使牛奶在頂端左右對流混合,直到咖啡杯裝滿為止。此步驟能確保油脂的結構完整。

4

一邊注入牛奶,一邊降低拉花杯的高度,直到杯中裝至三分之二為止(或是達到特定食譜所需的容量)。依照指示,創作拉花圖案。

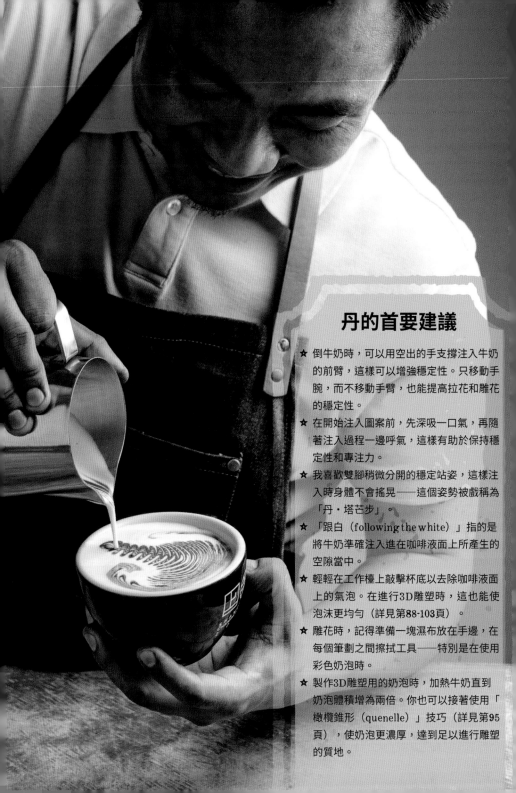

丹的首要建議

★ 倒牛奶時，可以用空出的手支撐注入牛奶的前臂，這樣可以增強穩定性。只移動手腕，而不移動手臂，也能提高拉花和雕花的穩定性。

★ 在開始注入圖案前，先深吸一口氣，再隨著注入過程一邊呼氣，這樣有助於保持穩定性和專注力。

★ 我喜歡雙腳稍微分開的穩定站姿，這樣注入時身體不會搖晃──這個姿勢被戲稱為「丹·塔芒步」。

★ 「跟白（following the white）」指的是將牛奶準確注入進在咖啡液面上所產生的空隙當中。

★ 輕輕在工作檯上敲擊杯底以去除咖啡液面上的氣泡。在進行3D雕塑時，這也能使泡沫更均勻（詳見第88-103頁）。

★ 雕花時，記得準備一塊濕布放在手邊，在每個筆劃之間擦拭工具──特別是在使用彩色奶泡時。

★ 製作3D雕塑用的奶泡時，加熱牛奶直到奶泡體積增為兩倍。你也可以接著使用「橄欖錐形（quenelle）」技巧（詳見第95頁），使奶泡更濃厚，達到足以進行雕塑的質地。

Basic Designs
基本圖案

Heart
愛心

愛心是最簡單的咖啡藝術圖案，也是咖啡師入門學習的第一種圖案。你一定對這個圖案相當熟悉，因為大部分咖啡店都會使用它來裝飾咖啡。

1 在杯中製作基底 (詳見第 7 頁)。

2

一旦咖啡杯裝至三分之二時，降低拉花杯高度，並從離你身體最近的一端開始倒入牛奶 —— 表面會開始生成白色圓圈，隨著持續倒入，圓圈會逐漸擴大，開始形成愛心。

當咖啡杯快盛滿時，你也成功創造出一個白色奶泡圓圈了，這時提起拉花杯，用奶流畫一條線穿過圓圈中心，完成心形。

3

一旦掌握了拉出愛心的技巧後，你便能將愛心發展成鬱金香。鬱金香雖然基本，卻是個非常漂亮的花樣，而且還能進一步發展成更加複雜的圖案。

鬱金香

Tulip

① 在杯中製作基底（詳見第7頁）。當杯中裝至三分之二時，停止倒入牛奶。

保持杯身傾斜，於中心注入奶泡，做出一個白色小圓圈。然後停下，停止時輕輕提起拉花杯，形成類似愛心的形狀。

②

③

在第一個圓圈之上，製作另一個較小的白色圓圈，再一次，在圓圈尾端稍微勾起拉花杯，創造出另一個類心形。

在第二個心形之上，倒入第三個較小的圓圈，但這次結束時，將拉花杯提起，讓奶流穿過三個類心型，完成鬱金香圖案。

④

葉子
Rosetta

葉子圖案大概是當今咖啡店中最常見的圖案了——似乎每個咖啡師都會在平白咖啡（flat white）或拿鐵咖啡上拉出一片葉子。葉子圖案就和鬱金香、愛心一樣，是必須精通的重要圖形，因為它會在本書的許多其他圖案中運用到。

1 製作基底（詳見第 7 頁）。

2 當咖啡裝至三分之二滿時，降低拉花杯的高度，持續注入牛奶，讓表面形成一個白色圓圈。這會是你葉子圖形的基底。此時，開始在注入牛奶的同時，輕輕地左右搖晃拉花杯。

3 持續搖晃並倒入牛奶的同時，將拉花杯移向杯緣。葉片應開始成形。

當牛奶流即將抵達杯緣時，提高拉花杯至距離液面3公分（1吋）高處，用牛奶流拉出一條線穿過圖案中心——完成一片強韌的樹葉。 **4**

直接注入法

FREE POURING

直接注入法是所有咖啡藝術圖案的基礎。精通這項珍貴的技巧，將為你開啟咖啡圖庫的大門，探索各種創意造型。本章節涵蓋了不同難度的圖案，從較為基礎的雙層愛心（詳見第16頁）到高雅的風車（詳見第25頁），以及抽象的開底鬱金香（詳見第30頁）。這些圖案所需的技術難度各不相同，但本章中所有的圖案都應用了三種基本圖形：心形（詳見第9頁）、鬱金香（詳見第10頁）和葉子圖形（詳見第12頁）作為起始點。

直接注入法是所有咖啡藝術中最適合入門的技巧，因為所需的器材最少——只需一個拉花杯、一個咖啡杯和一些熱牛奶。穩定的手也能幫助你創作出精美的直接注入法圖案。練習、練習、再練習，然後進階到更高難度的圖案。通常，練習幾次基本技巧後，再嘗試將它們組合在一起，是個相當有用的方法。

讓本章中的圖案激發你的想像力和創意。試試看，利用這些基礎的直接注入技法，你還能創造出哪些新的圖案和作品呢？

雙層愛心

Double Heart

這個美麗又簡單的圖形，秘訣在於：在一個愛心之中再創造出第二個愛心。透過將第二個愛心疊在第一個之上，愛心二會隨著牛奶的注入，將愛心一的邊界往外推展，形成同心的愛心。

1 在咖啡中創造出基底（第7頁）。

2 注入一個愛心（詳見第 9 頁），但到了最後一個步驟拉線穿過中心時，畫到一半便停止，先不要完成愛心。

3 現在，在第一個類心形下方，開始注入第二個圓形。

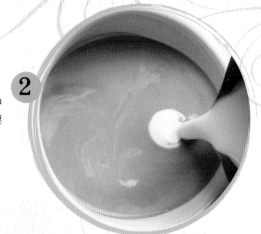

4 繼續注入牛奶，並將拉花杯逐漸移向咖啡杯中心，在中心暫停，注入更多牛奶，擴大圓形。第二個圓形會在第一個類心形內部擴大，形成雙層愛心。提高拉花杯，拉出一條線穿過兩個類心形的中心，完成雙層心形圖案。

這是一個在基本鬱金香（詳見第10頁）上加上其他層次的設計。因此，在嘗試這個較為複雜的圖案之前，最好還是先完全掌握鬱金香圖案的技巧。創造多層鬱金香的關鍵，在於注入牛奶的過程中，提早開始注入鬱金香，因此，在製作圖案之前，別把咖啡杯裝得太滿了。

TIP

你愛注入多少層鬱金香都沒關係——我的最高紀錄是在一個濃縮咖啡杯中注入了17層之多的鬱金香！

Multi-layered Tulip

多層鬱金香

1 在咖啡杯中製作基底（詳見第7頁），但在杯中裝至三分之一滿時，便停止倒入牛奶。

2 保持杯身傾斜，就像在製作基本的鬱金香圖形一樣（詳見第10頁），在咖啡杯中心注入第一個圓圈。

3 在比第一個圓稍低處，開始注入第二個圓，一邊注入，一邊提高拉花杯，將圓圈推擠向液面上半部。

繼續在每一層圓之下，注入新的一層，直到抵達咖啡杯下緣為止，每一層圓都要比前一個小。

最後，提高拉花杯，拉出一條線穿過所有圓心，完成多層鬱金香圖形。

這個圖案結合了鬱金香（詳見第10頁）和心形（詳見第9頁）。一旦你掌握了這兩個基本圖案，就能進階到這個優雅的天鵝圖案。

天鵝

Swan

1

在咖啡杯中製作基底（詳見第 7 頁），但當杯子裝至三分之一滿時，便停止倒入牛奶。

2

倒入五層鬱金香（詳見第 18 頁），但每一層圓都要比前一層小。

3 注入最後一個圓時，將它做得比前一個圓稍大。持續注入牛奶，一邊稍微降低拉花杯，拉出一條斜線連接各層圓的頂端，形成天鵝的背部。

連接各層圓的頂點後，將牛奶流帶往斜角，做出天鵝的頸部。當牛奶流來到與最後一層的圓同高時，做出一個小圓，並往圓中心繼續注入牛奶，形成愛心，作為天鵝的頭部和嘴部。 **4**

反轉鬱金香
Inverted Tulip

這是另一個版本的鬱金香圖案,這一次,我們將製作出兩個相連且顛倒的鬱金香。訣竅在於旋轉杯身,創造出相連的兩個鬱金香。

在咖啡杯中製作基底(詳見第7頁),但在注入牛奶時,握住咖啡杯,把手朝外,當杯子裝至三分之一滿時,停止倒入牛奶。

1

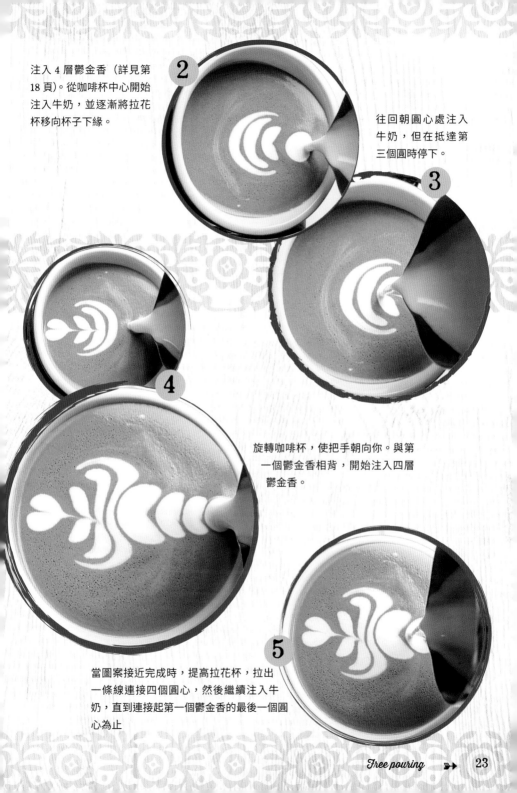

注入 4 層鬱金香（詳見第18 頁）。從咖啡杯中心開始注入牛奶，並逐漸將拉花杯移向杯子下緣。

往回朝圓心處注入牛奶，但在抵達第三個圓時停下。

旋轉咖啡杯，使把手朝向你。與第一個鬱金香相背，開始注入四層鬱金香。

當圖案接近完成時，提高拉花杯，拉出一條線連接四個圓心，然後繼續注入牛奶，直到連接起第一個鬱金香的最後一個圓心為止

到目前為止，我們主要是靠移動拉花杯來創作圖案，而咖啡杯幾乎保持靜止。然而，在這個簡單卻有效的圖案中，我們需要一邊在液面外緣注入鬱金香，一邊旋轉咖啡杯。

Vortex Tulip

漩渦鬱金香

1

在咖啡杯中製作基底（詳見第 7 頁），當杯子裝至半滿時，停止倒入牛奶。

2

從杯緣開始，注入一系列的圓，如同基本的鬱金香圖案（詳見第 10 頁），但在注入每層圓圈的同時，一邊旋轉咖啡杯，讓鬱金香的花瓣沿著杯緣展開。

3

總共注入七個圓，每個圓都比前一個小。即將完成時，提高拉花杯，並往回注入牛奶，連接所有圓心，完成漩渦鬱金香圖案。

風車
The Windmill

這是一個別出心裁又意外簡單的圖案，效果非常出色。風車圖案基於漩渦鬱金香（詳見上頁），但利用重力將所有鬱金香的花瓣拉向中心，創造出風車的翼板。

在咖啡杯中製作基底（詳見第 7 頁），當杯子裝至半滿時，停止倒入牛奶。

1

2

從杯緣開始，注入一系列的圓，如同基本的鬱金香圖案（詳見第 10 頁），但在注入每層圓圈的同時，一邊旋轉咖啡杯，讓鬱金香的花瓣沿著杯緣展開——持續注入圓形，直到花瓣環繞杯中一圈為止（在圖例中，我倒入了八片花瓣）。

3

持續注入牛奶，固定牛奶的流量和速度。如此一來，牛奶的重量會沉入咖啡內部，將所有圓拉向杯子中心，創造出風車翼板的造型。

4

停止注入牛奶，將拉花杯移至咖啡杯中央，接著重新開始在中心注入，慢慢提高拉花杯，直到距離液面約 15 公分（6 吋）為止，完成風車圖案。

Tulip in a Pot

盆栽鬱金香

這個圖案巧妙地結合了兩個基本圖形——將半朵鬱金香變成葉片,另一半則變成完整的鬱金香。雖然這個圖案看似簡單,卻幫我贏得了我的第一個獎項——2013年全英國拿鐵藝術冠軍!

TIP

一定要先製作葉子圖案,再製作鬱金香,如果順序相反,細節將無法達到預期的精緻度。

在咖啡杯中製作基底（詳見第 7 頁），但在倒入牛奶時，握住咖啡杯，讓把手朝外。當咖啡杯裝至半滿時，停止倒入牛奶。

朝向右方拉出葉子圖案（詳見第 12 頁）。但最後不要拉線穿過中心。

停止倒入牛奶，將咖啡杯旋轉 180 度，把手朝內。從葉片的底部開始，注入四層鬱金香圖案（詳見第 18 頁）（這麼一來，兩個圖案便能直接相連）。鬱金香的第一個圓形會將葉片向外推。

提起拉花杯，拉出一條線穿過鬱金香的中心，並在到達咖啡杯中心時與葉子稍微連接，停止注入，完成盆栽鬱金香圖案。

Flapping Swan

這個設計首次巧妙地結合了三個基本圖案——鬱金香、葉子和心形，形成一個能夠完美裝飾拿鐵的表面的圓形圖案。

變化版

參考第 50 頁的點子，使用雕花工具將展翼天鵝變成浴火重生的鳳凰！

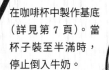

在咖啡杯中製作基底（詳見第 7 頁）。當杯子裝至半滿時，停止倒入牛奶。

從咖啡杯中央開始注入牛奶，按照雙層愛心（詳見第 16 頁）的步驟，但這次改拉出三個圓形。每次注入新的圓時，將前一個圓向外推，如此一來，便會由外向內創造出三個半圓。

從三層圓的最外緣的頂點，開始拉出一片向左上角展開的小葉子（詳見第 12 頁）。在約 2 點鐘方向停止，沿著葉片邊緣拉下一條線完成圖案，而不是穿過中心。

從三層圓底部的另一個頂點開始，注入另一片葉子圖案，在約 4 點鐘方向停止。再沿著葉片邊緣拉出一條線完成圖案，而不是穿過中心。

將拉花杯保持靠近液面，從兩片葉子之間、貼近愛心的位置注入一個圓形。繼續注入牛奶，逐漸朝杯子的右側邊緣移動，並逐漸提高拉花杯，形成天鵝的脖子。在脖子的尾端注入一個小圓圈，在圓圈中央輕輕勾起拉花杯，使其變成一個愛心，作為天鵝的頭部。

開底鬱金香

Winged Tulip

這是一個美麗的抽象圖形，巧妙地結合了葉子和鬱金香，形成一個複雜的圖案。要創造出最佳的效果，你需要非常專注於羽翼的細節。

TIP

越是搖晃拉花杯，羽翼的細節就會越為細緻。

1 在咖啡杯中製作基底（詳見第 7 頁），當杯子裝至半滿時，停止倒入牛奶。

2 製作羽翼：從咖啡杯中心開始倒入葉片（詳見第 12 頁），並逐漸將拉花杯移向右側。輕輕搖晃拉花杯，在注入的同時，一邊將葉片推向右方，在咖啡杯中心停下，朝葉子的中心注入牛奶，完成羽翼部分。

3 接下來，注入一朵鬱金香（詳見第 10 頁）：從咖啡杯中心，葉片正下方開始注入牛奶。可以自由選擇注入多少層鬱金香（或取決於杯子的空間）。注入牛奶時，鬱金香會被推向葉片，葉片則會展開包裹著鬱金香，創造出羽翼的效果。

4 最後，提起拉花杯，並在鬱金香中心繼續倒入牛奶，完成圖案。

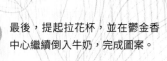

慢葉

Slosetta

這是一個緩慢（或慵懶）注入的葉子圖案。乍看之下，它可能看起來像是新手嘗試拉出葉子圖案的結果，但實際上，要創造出美麗的慢葉圖案，需要非常穩定的手才行。

TIP

保持手部穩定性以及注入牛奶的緩慢速度，才能使花紋比普通的葉子圖案更粗大。

在咖啡杯中製作基底（詳見第7頁），在杯子裝至半滿時，停止倒入牛奶。

1

2

從液面上緣開始，注入葉子圖案（詳見第12頁），但不要左右搖晃拉花杯，而是慢慢地從左至右拉出圓環，隨著逐漸朝下移動，圓環也越來越窄。

3

當你來到液面底部時，稍微暫停，在慢葉圖案的頂端注入一個圓形。

4

拉出一條線穿過圓形的中心，接著繼續穿過整個圖案，完成慢葉。

一旦你掌握了慢葉的拉花技巧，應該就能挑戰這個效果絕佳的葡萄串花樣了。

葡萄藤

Grapevine

1 在咖啡杯中製作基底（詳見第 7 頁），在杯子裝至半滿時，停止注入牛奶。旋轉杯身，使把手朝外。

2 從七點鐘位置開始，沿著杯緣，注入一個約由四個圓環組成的小慢葉（詳見第 32 頁）。

3 拉出一條線，穿過圖案中心，繼續延展線條，製作出延伸至液面另一側的弧形，創造出藤枝的造型。

4 降低拉花杯，貼近咖啡表面，並在葡萄藤的底部倒入一條 4 公分（1 又 1/2 吋）長的線條。

在粗線下方，倒入一個半完成的小愛心，作為葡萄。你可以依個人喜好製作任何數量的葡萄，但我在這邊只拉出六個圓形，做出一串的造型。

5

波浪愛心
Wave Heart

這個美麗的設計充分運用了創意和技巧，仰賴咖啡基底的波動，創造出環繞杯緣的圖案。

在咖啡杯中製作基底（詳見第 7 頁），但這一次，在注入牛奶的同時，將拉花杯畫圈移動，如此一來，會在咖啡中產生對流。移動不要太過迅速，否則圖案會變得太過分散——些微的晃動即可。注入牛奶，直到咖啡杯裝至半滿為止。

1

2 一旦基底對流達到令人滿意的程度後，在接近底部杯緣處，暫停拉花杯的移動，持續注入牛奶，並開始左右搖晃拉花杯。這麼一來，圖案會開始沿著杯緣移動。如果波浪圖案移動的速度不如預期般迅速的話，也可以將拉花杯往後拉，以利圖案的延展。

3 隨著圖案開始沿杯緣繞圈，記得減緩拉花杯的晃動，使扭動的花紋越來越窄。

4 一旦波浪花紋幾乎繞了四分之三圈時，將牛奶流帶至杯子正中心，降低拉花杯的高度，貼近液面。

5 注入一個愛心，即將完成圖案時，輕輕朝杯緣勾起拉花杯，做出一個細緻的頂點。

直接注入拉花法

FREE POURING

雕花法

ETCHING

　　拿鐵藝術果真是門藝術，直接注入法畢竟還是有限度的，雕花技法能為圖案添加更多細節和有趣的元素。結合直接注入法和雕花法，便能開啟咖啡設計的新天地。把咖啡當作畫布吧，你可以畫出一朵都鐸玫瑰（詳見第40頁）、一隻美麗的鳳凰（詳見第50頁）、一名墨西哥男子（詳見第54頁），甚至是一位衝浪客（詳見第70頁）──盡在一杯咖啡中！

　　你也可以使用各種不同的工具來進行雕花，從烤叉、錐鑽到雞尾酒針，都可以當作雕塑的工具。有時，看情況而定，會需要精細的器具來製作細節。大部分的時候，我都使用外型與小螺絲起子相似的木工工具──錐鑽來進行雕花。不論選擇哪一種器材，記得總是準備一塊濕布，在每道筆畫之間，將工具擦拭乾淨。

　　在這一章中，也會介紹我標誌性的色彩運用方式。為熱牛奶中加入色彩，能為圖案設計增添新次元，也創造出令人歎為觀止的設計。只要將2克（1/2小匙）的食用色素粉與20毫升（4小匙）的熱牛奶混合即可，充分攪拌混合。將彩色牛奶加入圖案細節當中，或是直接注入彩色熱牛奶，拉出彩色的圖案。

都鐸玫瑰
Tudor Rose

這個簡單的雕花圖案可以幫助你入門。不需花費太多功夫，就能快速地創作出美麗的作品。

1 首先，在小濃縮咖啡杯中倒入少許奶泡，留待稍後使用。接著，取一個較大的咖啡杯，製作基底（詳見第 7 頁），注入牛奶直到咖啡杯裝滿為止。將杯子放在身前的桌面上，把手朝右。

用一根小湯匙把柄的尾端，沾上熱牛奶，並在咖啡杯的中心點上一滴熱牛奶。

2

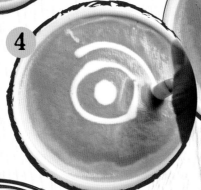

3 再次使用小湯匙的末端，沾取更多熱牛奶，在中心點外圍畫一個直徑約 2 公分（3/4 吋）的圓圈。在畫圓的過程中，可能會需要暫停，重新沾上更多熱牛奶——記得每次沾上熱牛奶前，都要將小湯匙擦拭乾淨。

4 在剛畫好的圓圈外圍，再畫上一個更大的圓——這麼一來，你就會得到兩個同心圓跟一個圓點。

5 使用雕花工具重新描繪牛奶圈，將線條修得更平整。

6 再次使用雕花工具，從中心點開始，朝 12 點鐘方向畫出一條直線，連接兩個圓圈，並製作出一個頂點。接著重複此步驟，分別往 3、6、9 點鐘方向畫出直線。

7 現在，使用雕花工具，從外圈開始，從兩個頂點的中間點，畫出一條直線連接圓點。在每兩個頂點間的線段重複此步驟。這麼一來，便會創造出玫瑰圖案。

這個圖案奠基於都鐸玫瑰（詳見第40頁）之上，但卻運用了咖啡基底本身來進行雕花。你可以隨心所欲地裝飾蝴蝶的軀幹和翅膀——自由發揮想像力吧。

蝴蝶 Butterfly

1

在小型濃縮咖啡杯中倒入少許奶泡，留待稍後使用。接下來，取一個較大的咖啡杯，把手朝外，在杯中製作基底（詳見第7頁），注入牛奶，直到咖啡杯裝至三分之二滿為止。將杯子放在面前的桌上，把手朝右。

2

從咖啡中心開始，注入一個如 16 頁所示的雙層愛心，不過，多倒入一層圓。別就此停下了，繼續注入牛奶，將拉花杯移動回中心，這麼一來，這個愛心的底部便會呈現圓形。

3

使用雕花工具，從圓心開始，朝 11 點鐘方向畫出一條線，接著再從圓心開始，朝 1 點鐘方向畫一條線——如此一來便創造出翅膀的兩個頂點。

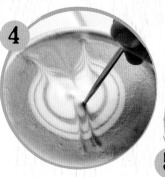

4 從圓形底部外緣開始，朝圓心畫兩條相鄰的線，作為軀幹的底部。

5 現在，從圓心開始，朝杯緣畫兩條線——一條朝5點鐘，另一條則朝7點鐘方向。

6 製作翅膀的線段：從蝴蝶外緣開始，朝圓心各畫出兩條稍微呈現弧形，向下彎曲的線——一條從4點鐘方向，另一條則從8點鐘方向開始。

7 使用雕花工具，沾取杯緣較深色的咖啡，並完成蝴蝶軀幹的繪製——從軀幹底部的兩條線開始，分別朝上繪製接回頂部。

8 使用剩餘的奶泡，在杯子上緣點上兩點，接著再分別從兩個點畫線與軀幹頂端連接，當作觸角。接著加上一點奶泡，作為頭部。

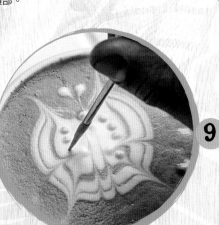

9 現在，你可以用雕花工具沾取深色的咖啡，裝飾蝴蝶的身體了，使用深色的咖啡在翅膀上點上圓點，並加上雙眼。

兔寶寶

Bunny Rabbit

這個兔子圖案生動有趣，運用一個大愛心圖案偽裝成兔子的耳朵。

首先，製作基底（詳見第7頁），注入熱牛奶，直到咖啡杯裝至三分之二為止。將咖啡杯放在面前的桌上，把手朝右。

①

將拉花杯貼近咖啡表面，在稍微偏離中心處，注入一個愛心（詳見第 9 頁）。即將完成時，將拉花杯移動至愛心的中心，但不要停下，而是繼續緩慢地注入牛奶，同時移動拉花杯，通過愛心來到咖啡杯的中心，注入兔子的頭 —— 這個動作會拉長心形，製作出一個圓形的頭部和兩隻兔耳朵。

當兔子頭達到滿意的大小時，放下拉花杯。使用雕花工具，沾取杯緣深色的咖啡，繪製細節。最好是先畫上嘴巴，再加上鼻子。

使用雕花工具，加上雙眼、鬍鬚和耳朵細節。

在雙眼和鼻尖上點上白點，為角色添加神韻。

小熊

Bear

這是另一個可愛的動物圖形，簡單又有趣，效果出色。本圖案使用鬱金香作為基底。

1 首先，在一個小濃縮咖啡杯中，倒入少許奶泡，留待稍後使用。接下來，取一個較大的咖啡杯，把手朝外，製作基底（詳見第 7 頁），持續注入熱牛奶，直到咖啡杯裝至三分之二為止。

2 壓低拉花杯的高度，貼近咖啡表面，並注入兩層鬱金香（詳見第 10 頁），但先別完成圖案。

3 將咖啡杯放在面前的桌上，把手朝右，鬱金香應呈現顛倒狀態。使用小湯匙把柄的末端，沾取預留好的奶泡，在圖案底部點上兩個白點，作為熊掌。

4 在半圓形頂端加上兩個白點，作為耳朵。

5 接著，使用雕花工具，沾取杯緣深色的咖啡，添加嘴巴、鼻子、眼睛、熊掌和耳朵的細節。

6 在眼睛和鼻尖點上白點，增添神韻。

這個動物圖案是由基本的葉子圖形發展而來的。
美學再一次地藏在雕花的細節裡，所以，讓你的想像力馳騁吧。
有時候，我也會將這個圖案上色。

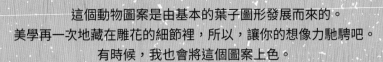

大象

首先，在一個小濃縮咖啡杯中，倒入少許奶泡，
留待稍後使用。接下來，取一個較大的咖啡杯，
把手朝外，製作基底（詳見第 7 頁），持續注入
熱牛奶，直到咖啡杯裝至三分之二為止。

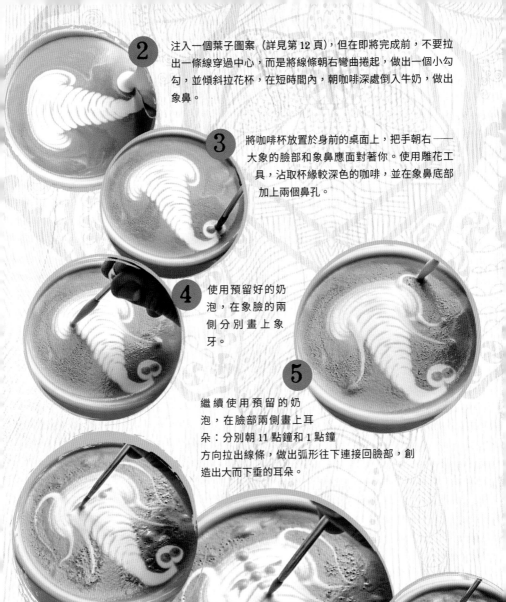

2 注入一個葉子圖案（詳見第 12 頁），但在即將完成前，不要拉出一條線穿過中心，而是將線條朝右彎曲捲起，做出一個小勾勾，並傾斜拉花杯，在短時間內，朝咖啡深處倒入牛奶，做出象鼻。

3 將咖啡杯放置於身前的桌面上，把手朝右——大象的臉部和象鼻應面對著你。使用雕花工具，沾取杯緣較深色的咖啡，並在象鼻底部加上兩個鼻孔。

4 使用預留好的奶泡，在象臉的兩側分別畫上象牙。

5 繼續使用預留的奶泡，在臉部兩側畫上耳朵：分別朝 11 點鐘和 1 點鐘方向拉出線條，做出弧形往下連接回臉部，創造出大而下垂的耳朵。

6 使用杯緣深色的咖啡，為大象加上眼睛（如果你想要的話，也可以加上眉毛），並額頭的中央加上一排圓點，作為珠寶。

這個圖案奠基於運用直接注入法的展翼天鵝（詳見第28頁）之上，卻更加複雜細緻。一旦掌握了展翼天鵝的拉花技巧後，便可以加入雕花細節，使圖案變得更加炫技。

Phoenix 鳳凰

1 首先，在一個小濃縮咖啡杯中倒入奶泡，留待稍後使用。接下來，取一個較大的咖啡杯，並根據第 28 頁的指示，注入展翼天鵝圖案。

2 將咖啡杯放置在面前的桌上，把手朝右——鳳凰應正面朝向你。使用一根小湯匙把柄的尾端，沾取預留好的奶泡，沿著下半部的杯緣點上五個圓點。先從鳳凰頭部正下方開始，接著點上最右方的圓點，再點上最左方的圓點，最後則是夾在中間的兩個圓點——這麼一來，圓點的間距便能盡可能維持平均。

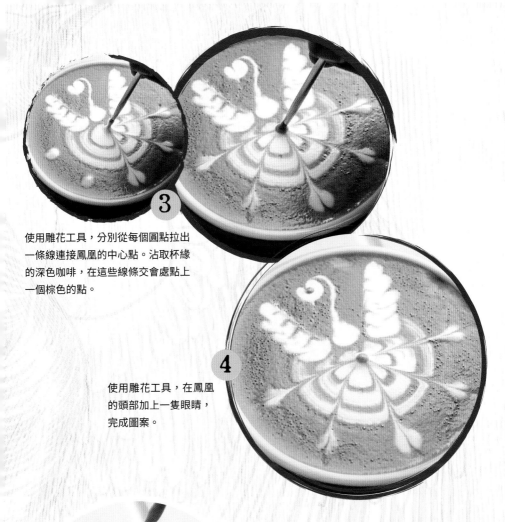

③ 使用雕花工具，分別從每個圓點拉出一條線連接鳳凰的中心點。沾取杯緣的深色咖啡，在這些線條交會處點上一個棕色的點。

④ 使用雕花工具，在鳳凰的頭部加上一隻眼睛，完成圖案。

變化版本

★ 你可以在鳳凰頭頂加上冠羽，使這個圖案更上一層樓。在鳳凰頭上方點上一排奶泡圓點，並畫一條線穿過它們。

★ 你也可以畫出更多條線穿過鳳凰的中心點，製作出更精緻的設計。

★ 繼續加入更多細節，直到你對作品全然滿意為止。

Native American Chief

美國原住民族酋長

這個圖案牽涉更多繪畫而非拉花技巧，因此，發揮創意吧！酋長圖案奠基在葉子（詳見第12頁）之上，任你隨心所欲地裝飾設計。

TIP

你可以為酋長加上皺紋、煙斗或是任何喜歡的元素，注入個人巧思。

在一個小濃縮咖啡杯中倒入少許奶泡，留待稍後使用。接下來，取一個較大的咖啡杯，把手朝外，製作出基底（詳見第7頁），並將咖啡杯注入至三分之二滿。

從中偏右處開始，注入葉子圖案（詳見第12頁）。在即將完成時，不要拉出一條線穿過中心，而是往上移動拉花杯，接著往左，做出一個圓環，作為酋長臉頰的基礎。

將咖啡放置於面前的桌上，把手朝右——使酋長的臉朝向你。溫和地舀上一些預留的奶泡，填滿酋長臉頰線條圈起的區域。

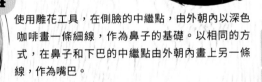

使用雕花工具，在側臉的中繼點，由外朝內以深色咖啡畫一條細線，作為鼻子的基礎。以相同的方式，在鼻子和下巴的中繼點由外朝內畫上另一條線，作為嘴巴。

以雕花工具描繪側臉邊緣的線條，將線條修得更整齊。

以雕花工具沾取杯緣深色的咖啡，並在髮際線和鼻子的中繼點，畫上眉毛和眼睛。

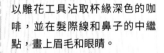

使用同樣的技巧，沿著髮際和臉頰畫上髮帶，並依個人喜好，加上其他裝飾細節。

墨西哥男子
Mexican Man

這是我最早的設計之一。
細心地在咖啡表面注入幾個簡
單的圖案後，墨西哥男子的
臉孔就會突然浮現。

1

握住咖啡杯，把手朝向你的身體。先製作基底
（詳見第 7 頁），並在杯中注入牛奶，裝至三分之
二滿為止。

2

注入一層未完成的鬱金香（詳見
第 10 頁），接著立刻在鬱金香上方
注入一個未完成的葉子圖案（詳
見第 12 頁）——在兩個圖案即將完
成時，不要拉出一條線穿過圖案
的中心。

3

將咖啡杯旋轉 180 度，使把手朝外。在上個步驟所做出
的帽子下方，注入一個半完成的愛心（一個大圓），作為
墨西哥男子的臉，在注入牛奶時，將拉花杯貼近液面。

4 使用杯緣深色的咖啡和雕花工具，加入更多細節。首先加上八字鬍：在臉孔中央畫出兩條向下撇的線。

5 接下來，畫上嘴巴、眉毛、眼睛、鼻子和任何你想要的臉部細節。

蜻蜓

Dragonfly

這個迷人的圖案不論是否運用雕花技術，效果都非常好。
你可以隨心所欲添加細節——我個人喜歡加上觸角、並裝飾翅膀，
但別畫蛇添足了，蜻蜓圖案樸素的本質才是其精髓。

1 首先，在一個小濃縮咖啡杯中倒入少許奶泡，留待稍後使用。接著，取一個較大的咖啡杯，把手朝外，在杯中製作基底（詳見第 7 頁），並注入牛奶至三分之二滿。

2 從杯子的正中心開始，朝其中一側注入兩圈慢葉（詳見第 32 頁），當作一邊的翅膀。慢慢來——每側只需要兩圈就好。

3 效仿第一對翅膀，在正對面的另一側製作出對稱的第二對翅膀。確保你在兩對翅膀的中間留下一個小縫隙（2 公分 / 3 / 4 吋）。

4 從距離下方杯緣處 1 公分（1/2 吋）處開始，注入一片細長的葉子圖案（詳見第 12 頁）穿過兩對翅膀間的縫隙，在達到咖啡杯中心時停止。不要完成葉子圖案，而是輕輕提起拉花杯，倒入兩層小鬱金香，作為蜻蜓的腹部和頭部，蜻蜓的頭應會超出翅膀的高度。

直接注入法的部分告一段落。現在，你可以加入雕花細節。使用預留好的奶泡，在翅膀內部點上小白點，並在頭頂加上觸角。

5

6

如果你想要的話，可以使用杯緣深色的咖啡，在頭部加上眼睛，讓蜻蜓變得更加生動。

跳躍海豚
Jumping Dolphin

現在，你可以運用拿鐵藝術創作一幅完整的場景了。這幅熱帶風情畫描繪在棕櫚樹沙灘上，一隻海豚躍出海面。

1 首先，在一個小濃縮咖啡杯中倒入少許奶泡，留待稍後使用。接下來，取一個較大的咖啡杯，把手朝外，在杯中注入基底（詳見第 7 頁），直到牛奶裝至半滿為止。

在中央偏下方處，注入一個未完成的愛心（詳見第 9 頁）。接下來，製作棕櫚樹。旋轉咖啡杯身，使把手朝向 3 點鐘方向，在接近頂端杯緣處，類心形的對面，注入一個未完成的小型葉子圖案（詳見第 12 頁）。

2

3 旋轉杯身，使把手朝 11 點鐘方向，注入第二個未完成的小型葉子，從與第一片葉子相同的起始點開始注入，但改往相反方向移動。

4 從與前兩片葉子相同的起始點開始，注入第三個未完成的葉子圖形，朝右方移動，並在 4 點鐘位置完成。

5 將雕花工具沾上預先保留好的奶泡，在類心形的左右兩側，分別向外拉出一條線。從心形的中心開始，將雕花工具朝外側移動，延長超出心形輪廓，創造出海豚的形狀。記得要幫海豚畫要畫上噴嘴哦。

使用杯緣的深色咖啡和雕花工具，為海豚加上鼻子、尾巴、一隻眼睛和胸鰭等細節。

6

使用預留的奶泡，在海豚下方畫上波浪。

8 在棕櫚樹枝上，點上一些奶泡，做出椰子。

7

9

點上一些從海豚的嘴巴冒出的泡泡，完成圖案。

彩色玫瑰
Coloured Roses

將色彩帶入設計當中，讓你的拿鐵藝術技巧更上一層樓。這個圖案不使用咖啡，只需要熱牛奶和食用色素即可。

1 首先在一個小型濃縮咖啡杯中，倒入20毫升（4小匙）的熱牛奶，並加入2公克（1/2小匙）的紅色食用色素。接下來，取一個較大的咖啡杯，使把手朝內，在杯中製作基底（詳見第7頁），使用紅色牛奶作為濃縮咖啡，並注入未上色的牛奶，直到杯中裝至三分之二滿為止。

2 製作玫瑰：首先製作花朵。保持把手朝內，緩慢地往杯中注入一個未完成、只有2圈圓環的慢葉（詳見第32頁），保持拉花杯貼近液面，製作出粗線條。

3 與慢葉重疊，在上方注入三個緊貼在一起的愛心——兩個愛心相鄰，另一個則幾乎擠在前兩個中間。

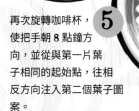

4 轉動咖啡杯，使把手朝 3 點鐘方向，提高拉花杯，從稍高處往接近杯緣的底部注入一個葉子圖案（詳見第 12 頁）。

5 再次旋轉咖啡杯，使把手朝 8 點鐘方向，並從與第一片葉子相同的起始點，往相反方向注入第二個葉子圖案。

6 製作玫瑰的葉片：慢慢地注入兩個未完成的慢葉，每片在底部各側葉子圖案之上，再次將拉花杯貼近咖啡，倒入粗線條。繼續朝兩個葉子圖案的中間注入牛奶，做出一個小愛心。

7 旋轉咖啡杯，使把手朝 3 點鐘方向。使用雕花工具劃過過杯頂的各個愛心，做出玫瑰花瓣的效果。

8 使用同樣的技法，以雕花工具劃過葉片，從葉片頂端拉出。

9 最後，製作花梗：使用雕花工具從花朵底部的白色奶泡向下畫，穿過兩片慢葉的中心，並在最底部兩個葉子圖案處停下——將本圖案中所有的元素串連在一起。

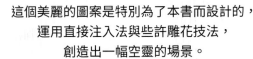

這個美麗的圖案是特別為了本書而設計的，
運用直接注入法與些許雕花技法，
創造出一幅空靈的場景。

Angel AND Cherry Tree

天使與櫻桃樹

1 參考第 60 頁的說明，準備好五個濃縮咖啡杯，分別裝有白色、綠色、黃色、紅色和藍色的奶泡。接下來，取一個較大的咖啡杯，把手朝內，在杯中製作基底（詳見第 7 頁），裝至五分之四滿。

2 首先，製作天使的翅膀。旋轉咖啡杯，使把手朝向 4 點鐘方向，稍微提高拉花杯，從咖啡液面中央偏右下方處開始，注入一個小葉子圖案（詳見第 12 頁），在靠近杯緣處完成圖案。

3 旋轉咖啡杯，使把手朝 8 點鐘方向，並於與第一片葉子圖案相同的起始點開始，朝相反的方向，開始注入第二個小葉子圖案，尺寸與第一片葉子相同。

4 使用一把小湯匙的末端，沾取綠色的奶泡，畫上天使的長袍。

5 使用小湯匙，沾取白色的奶泡，畫上天使的頭部。接著使用黃色奶泡來畫上天使的頭髮。

6 使用雕花工具和白色牛奶，來畫上天使的雙腿、雙腳和翅膀下方的線條。使用雕花工具，從天使的身體向外拉出線條，製作手臂。

7 使用藍色奶泡，來畫上地面。使用小湯匙的尾端和白色奶泡，來畫出櫻桃樹樹幹，並以雕花工具來從樹幹拉出較細的樹枝。

8 最後，使用紅色、黃色和綠色的牛奶，來為櫻桃樹點上果實和樹葉，並在樹幹的底部加上一些綠草。

Koi Carp 錦鯉

這個優雅的圖案結合了注入技巧和精細的雕花技法。同樣地，你也可以為這個錦鯉場景加入更多的細節，或是保持簡約風格皆可。

1 參照第 60 頁的指示，準備兩個濃縮咖啡杯的奶泡，分別染成白色與紫色。接下來，取一個較大的咖啡杯，使把手朝向 2 點鐘方向，製作出基底（請參照第 7 頁），將咖啡杯裝至半滿。

2 注入一個半完成的鬱金香（請照第 10 頁），注入的同時一邊旋轉咖啡杯，注入一層較小的鬱金香，接著沿著杯緣注入六層較小的鬱金香。

3 咖啡杯旋轉回到起始點，沿著第一排的鬱金香，以不規則間距注入六層未完成的鬱金香。

4 注入兩圈慢葉（詳見第 32 頁），製作出魚尾。使用雕花工具拉出兩個尾鰭的尖端。

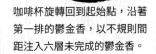

5 使用雕花工具，從鬱金香層向外拉，製作出胸鰭和背鰭。

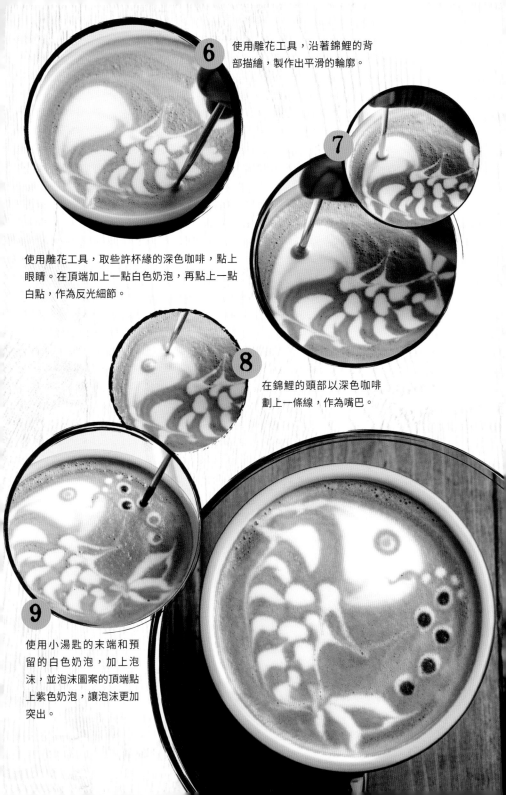

6 使用雕花工具，沿著錦鯉的背部描繪，製作出平滑的輪廓。

7

使用雕花工具，取些許杯緣的深色咖啡，點上眼睛。在頂端加上一點白色奶泡，再點上一點白點，作為反光細節。

8

在錦鯉的頭部以深色咖啡劃上一條線，作為嘴巴。

9

使用小湯匙的末端和預留的白色奶泡，加上泡沫，並泡沫圖案的頂端點上紫色奶泡，讓泡沫更加突出。

這個簡單的圖案比外表看起來的更有難度。為了要呈現最佳的對比效果，使用不含任何咖啡的牛奶。這個圖案的加分效果在於適合孩童享用，小朋友一定會喜歡這個鮮豔又帶有神話色彩的設計。

The Unicorn

獨角獸

1 參照第 60 頁的指示，準備好三個濃縮咖啡杯的奶泡，分別製作成白色、藍色和紅色。使用一根湯匙，輪流沾取紅色和藍色的奶泡，在拉花杯的液面上，畫出六條平行線。

2 接下來，取一個較大的咖啡杯，把手朝外，在杯中倒入未經染色的熱牛奶，裝至四分之三滿。接著，使用拉花杯上色的熱牛奶，在咖啡杯液面稍微偏離中心處，注入一個基本的葉子圖案（詳見第 12 頁），當作獨角獸的脖子——牛奶會呈現彩色紋理。

3 接近底部杯緣時，提起拉花杯，沿著獨角獸脖子的邊緣拉出一條線，不要像普通葉子圖案那樣拉一條線穿過中心。注入另一個較小的葉子圖案，與脖子垂直分岔，作為獨角獸的頭。

4 以雕花工具沾取其中一個顏色，並以Z字型朝上畫出獨角獸角。重複此步驟，但沾上另一個顏色，來製造出螺旋效果。

5 使用雕花工具，從獨角獸頭頂拉出彩色線條，作為獨角獸飄逸的鬃毛。點上一點白色奶泡，做出眼睛，並使用單色描繪輪廓。在眼白中點上對比顏色的奶泡，做出瞳孔。

6 用雕花工具沾取白色奶泡，畫出獨角獸的嘴巴。在鼻尖點上一點白色奶泡作為鼻孔。最後，在頭頂上加上一隻耳朵，完成圖案。

紅鶴
Flamingo

這個活潑又鮮豔的圖案非常搶眼，也比外表看起來複雜許多。但就跟所有其他圖案一樣，一旦掌握了基本技巧（詳見第9、10和12頁），沒有什麼難得倒你的。

1 參考第 60 頁的說明，準備三個濃縮咖啡杯的奶泡，分別製作成白色、紅色和綠色。接下來，取一個較大的咖啡杯，使把手朝 3 點鐘方向，製作出基底（詳見第 7 頁），並在杯中注入牛奶，裝至四分之三滿。

2 從中央開始，注入一個葉子圖案（詳見第 12 頁），朝把手的方向移動，在杯緣停下。

3 在葉子圖案的正下方，注入三層半完成的小型鬱金香（詳見第 10 頁），作為紅鶴的身體。

4 使用小湯匙的末端，在 12 點鐘方向點上預留好的白色奶泡，作為頭部。

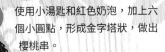
使用小湯匙和紅色奶泡，加上六個小圓點，形成金字塔狀，做出櫻桃串。

5

從紅鶴身體前方開始，朝另一端的杯緣畫出一條直線。

6

使用雕花工具，沾取綠色奶泡，從白線開始往上畫出捲曲度線條，作為櫻桃葉梗。

7

8

從紅鶴的身體開始，畫出一條細細的逆S形線條，與頭部連接，作為脖子。使用白色奶泡，畫上鶴嘴。

9

使用更多綠色奶泡，加上一條長長的藤蔓。

使用雕花工具，沾取白色奶泡，從紅鶴的底部拉出兩條細線——其中一條線直直朝下，另一條則向旁邊勾起，做出紅鶴單腳膝蓋彎曲的效果。

10

11

使用雕花工具，在紅鶴伸直的腿旁，畫出圓形的漣漪效果。

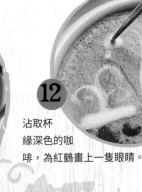

12

沾取杯緣深色的咖啡，為紅鶴畫上一隻眼睛。

這又是另一個運用了單色基底，而不使用咖啡來設計的圖案——在這個範例中我選擇了紫色。設計中最突出的是前一張曾經出現過的漩渦鬱金香，創造出波浪效果。

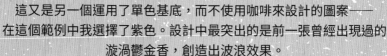

Surfing Man

衝浪客

首先，在一個小濃縮咖啡杯中倒入少許奶泡，留待稍後使用。接下來，將 20 毫升（4 小匙）的熱牛奶倒入一個較大的咖啡杯中，並加入 2 公克（1/2 小匙）的紫色食用色素上色。現在，在大咖啡杯中製作基底（詳見第 7 頁），將剩餘未上色的熱牛奶注入杯中，直到裝至半滿。

2 從杯緣開始，注入一個漩渦鬱金香（詳見第 24 頁）。一邊注入一層又一層的圓形，一邊旋轉咖啡杯，讓鬱金香花瓣沿著杯緣移動。

3 第一層鬱金香會是最大的，隨著你旋轉杯身，製作出來的鬱金香層會越來越小，但別完全回到起點了 —— 在最大的鬱金香層和最小的鬱金香層間，保留空隙。

4 使用雕花工具，沿著漩渦鬱金香的內緣，從最尾端至最起點，畫出一條線將每層花瓣連接在一起。

5 使用一根小湯匙的末端，利用預留好的白色奶泡，來在波浪中心畫出一條線作為衝浪板，接著使用雕花工具，畫出衝浪客的身軀。使用杯緣的紫色牛奶，來完成衝浪客的眼睛和嘴巴。

模板法

STENCILS

運用模板法，能讓你在咖啡藝術上的創意和設計變得更加精湛。模板功能多樣，圖案可以簡單也可以複雜。對於初學者，最適合的是雙重愛心設計（詳見第75頁）。接下來，你可以挑戰更複雜的玫瑰設計（詳見第79頁），以及規模更大、更精緻的場景設計，如進擊的鯊魚（詳見第81頁）和天鵝湖（詳見第82頁）。

根據你的創意、才華和表現力，設計是沒有極限的。本章提供了所有圖案的模板，方便你描繪和剪下，使你可以輕鬆複製每個圖案。你需要的材料包括大約250公克（250gsm）的卡紙（約令重10pt），但記得不要選太厚的紙，以免難以剪下圖案。此外，你還需要一把美工刀和切割墊。只需臨摹或畫上你的圖案，剪下後將模板放在一杯手沖咖啡上，撒上巧克力粉即可。移開模板，展示底下的設計。

即使你對直接注入法還沒有什麼信心，模板法也能幫助你創造出色的咖啡藝術作品，因為只需要基本的手沖咖啡和模板圖案即可。以本章節中的圖案作為靈感，繼續發展創作出個人化的作品吧。

Coffee Bean

咖啡豆

這個簡單卻效果十足的圖案深得我心，
也是咖啡愛好者的首選。

1 在一張厚卡紙上，描繪第84頁的模板圖案，剪下。

2 拉花杯貼近咖啡液面，注入一杯卡布奇諾，做出中央白色奶泡被一圈深色咖啡環繞的效果。在液面高度與杯緣間保留一點距離，確保將模板放置於頂端時，不至於沾濕。

3 將咖啡放在身前，把手朝右。將模板放在咖啡頂端，咖啡豆圖案落在白色奶泡圈的正上方。自由地在模板上撒上巧克力粉，確保底下產生的圖案形狀清晰，咖啡豆圖案邊緣也要撒上足夠的巧克力粉。

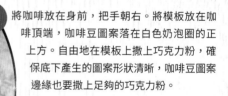

4 取下模板，小心不要在卡布奇諾的頂端留下多餘的巧克力粉了。

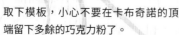

情人節時，這個完美的圖案可以用來博得愛人的歡心，
最適合用來裝飾卡布奇諾。

Two Hearts

雙心

1 在一張厚卡紙上，描繪第 84 頁的模板圖案，剪下。

拉花杯貼近咖啡液面，注入一杯卡布奇諾，做出中央白色奶泡被一圈深色咖啡環繞的效果。在液面高度與杯緣間保留一點距離，使模板放置於頂端時不至於沾濕。將咖啡杯放置在身前，把手朝右。將模板放在咖啡頂端，並自由地在模板上撒上巧克力粉，確保產生的圖案清晰，愛心邊緣也要撒上足夠的巧克力粉。

2

3

取下模板，抖落多餘的巧克力粉。將模板翻面，與杯緣對齊，使兩顆愛心形狀重疊。再次撒上巧克力粉，這次，更細心地製作出一個顏色較淡的愛心。移除模板，端上桌。

星星 *Star*

在卡布奇諾上，用這個簡單的圖案創造出一顆閃爍的星星。

1 在一張厚卡紙上，描繪第 85 頁的模板圖案，剪下。在咖啡杯中注入熱牛奶。在另一個濃縮咖啡杯中製作濃縮咖啡。現在，將濃縮咖啡倒入第一個較大的咖啡杯中（濃縮咖啡會沉到熱牛奶下方，在頂端留下一層白色的奶泡。）

2 將咖啡杯放在身前，把手朝右。將模板放在咖啡杯頂端，自由地在模板上撒上巧克力粉，確保底下產生的圖案清晰，三角形的邊緣也撒上足夠的巧克力粉。

3 拿起並旋轉模板，與第一個三角形反向重疊，創造出星形。再次撒上巧克力粉，並端上桌。

笑臉
Smiley Face

在一張厚卡紙上，描繪第 85 頁的這個模板圖案。

1

這個卡布奇諾圖案能讓你展露笑容。

2

將拉花杯壓低液面，注入一杯卡布奇諾，做出中央白色奶泡被一圈深色咖啡環繞的效果。在液面高度與杯緣間保留一點距離，使模板放置於頂端時不至於沾濕。

3

將咖啡杯放在身前，把手朝右。將模板放在頂端，並自由地在模板上方撒上巧克力粉，確保底下產生的圖案清晰，笑臉的邊緣也撒上了足夠的巧克力粉。取下模板，端上桌。

Stag

雄鹿

這個優雅的圖案，
絕對會讓觀眾眼睛
一亮。

1

在一張厚卡紙上，描繪第 86 頁的這個模板圖案，剪下。將拉花杯貼近咖啡杯，注入一杯卡布奇諾，做出中央白色奶泡被一圈深色咖啡環繞的效果。在液面高度與杯緣間保留一點距離，使模板放置於頂端時不至於沾濕。

2

將咖啡杯放在身前，把手朝右。將模板放在咖啡杯的頂端，並自由地灑在模板上撒上巧克力粉，確保底下產生的圖案清晰，雄鹿的邊緣也撒上了足夠的巧克力粉。取下模板，端上桌。

這個是本書中最複雜的模板圖案，因此在剪下圖案時，請特別小心。精美的成品能讓努力值回票價！在製作時，你會需要一杯熱牛奶和一杯濃縮咖啡。

玫瑰

1 在一張厚卡紙上，描繪第 86 頁的這個模板圖案，剪下。將熱牛奶注入咖啡杯當中。在另一個濃縮咖啡杯中，製作濃縮咖啡。現在，將濃縮咖啡注入第一個較大的咖啡杯中（濃縮咖啡會沉到熱牛奶下方，在頂端留下一層白色的奶泡。）在液面高度與杯緣間保留一點距離，使模板放置於頂端時不至於沾濕。

2 將咖啡杯放在身前，把手朝右。將模板放在咖啡杯頂端，並自由地在模板上方撒上巧克力粉，確保底下產生的圖案清晰，玫瑰的邊緣也撒上了足夠的巧克力粉。取下模板，端上桌。

Christmas Tree

聖誕樹

你可以用紅色和綠色的奶泡來製作聖誕樹上的小吊飾，裝飾這個簡單的模板圖案。

1 在一張厚卡紙上，描繪第 **87** 頁的這個模板圖案，剪下。依照第 **60** 頁的指示，準備兩個濃縮咖啡杯，分別製作出紅色和綠色的奶泡。將拉花杯貼近咖啡杯，注入一杯卡布奇諾，做出中央白色奶泡被一圈深色咖啡環繞的效果。在液面高度與杯緣間保留一點距離，使模板放置於頂端時不至於沾濕。

2 將咖啡杯放在身前，把手朝右。將模板放置於咖啡杯頂端，並自由地在模板上方撒上巧克力粉，確保底下產生的圖案清晰，聖誕樹的邊緣也撒上了足夠的巧克力粉。取下模板。

3 取紅色和綠色的奶泡，使用小湯匙把餅的末端，沾取奶泡為聖誕樹加上彩色裝飾品。使用雕花工具，將吊飾與聖誕樹連接。

進擊的鯊魚
Shark Attack

使用雕花工具來製作波浪，裝飾這個驚悚的模板圖案。你會需要一杯熱牛奶和一杯濃縮咖啡。

1 在一張厚卡紙上，描繪第 87 頁的這個模板圖案，剪下。將熱牛奶注入咖啡杯當中。在另一個濃縮咖啡杯中，製作濃縮咖啡。現在，將濃縮咖啡注第一個較大的咖啡杯中──濃縮咖啡會沉到熱牛奶下方，在頂端留下一層白色的奶泡。在液面高度與杯緣間保留一點距離，使模板放置於頂端時不至於沾濕。

2 依照第 60 頁的指示，在一個濃縮咖啡中，準備棕色的奶泡。將大咖啡杯放在你的身前，使把手朝右。將模板放在咖啡杯頂端，並自由地在模板上方撒上巧克力粉，確保底下產生的圖案清晰，圖案的邊緣也撒上了足夠的巧克力粉。

3 使用雕花工具和棕色奶泡，在圖案下方加上波浪紋理。

變化版
可以使用藍色的熱牛奶作成波浪為這個設計添加另一種元素。

Swan Lake

天鵝湖

這個圖案只需要一分的努力，就換來十分的效果，而且只需要短短幾秒就能完成。最適合裝飾一杯卡布奇諾。

1 在一張厚卡紙上，描繪第 87 頁的模板圖案，剪下。

2 將熱牛奶倒入一個咖啡杯中。在另一個濃縮咖啡杯中，製作濃縮咖啡。現在，將濃縮咖啡倒入大咖啡杯中 —— 濃縮咖啡會沉到熱牛奶泡之下，在咖啡表層留下一層白色奶泡。在液面高度與杯緣間保留一點距離，使模板放置於頂端時不至於沾濕。

3 將咖啡杯放在身前，把手朝右。將模板放在咖啡杯頂端，天鵝的底部與把手對齊，創造出「水平面」。將模板放置於咖啡杯頂端，並自由地在模板上方撒上巧克力粉，確保底下產生的圖案清晰，天鵝的邊緣也撒上了足夠的巧克力粉。

4 取下模板，抖落多餘的巧克力粉。將模板翻面，使兩個天鵝圖案沿水平面相對稱——就像照鏡子一樣。再次撒上巧克力粉，這次更謹慎地，為湖面上的倒影製作出更淡的天鵝圖案。

5

在水面上加上植物細節，或是嘗試以雕花工具畫過天鵝倒影，創造出湖面的漣漪效果。

模板圖案樣板
Stencil Templates

將下列圖案描繪在厚卡紙上，剪下使用。

咖啡豆
Coffee Bean
page 74

雙心
Two Hearts
page 75

星星
Star
page 76

笑臉
Smiley
Face
page 77

雄鹿
Stag
page 78

玫瑰
Rose
page 79

天鵝湖
Swan
Lake
page 82

聖誕樹
Christmas
Tree
page 80

天鵝湖
Shark
Attack
page 81

3D雕塑法

3D ART

在咖啡作品中加入3D設計，能為咖啡藝術注入全新次元。想不到，只需簡單幾匙奶泡，就能為設計帶來巨大的變化。打奶泡這個簡單的步驟，能創造出體積龐大且可塑性極高的奶泡，讓你的咖啡藝術從樸素躍升感動人心的境界。就跟模板法一樣，對於還不熟悉直接注入和雕花法的人來說，3D設計的應用也是很好的選擇。

3D設計非常適合應用在寶貝奇諾中，因為它們能吸引孩子們參與咖啡藝術。許多咖啡廳發現，孩子們會模仿雙親點一杯「迷你咖啡」——寶貝奇諾其實就是裝在濃縮咖啡杯中的奶泡，也成為3D設計的完美基底。像小熊（詳見第92頁）、熊熊家族（詳見第91頁）或小豬（詳見第94頁）等可愛的動物圖案都是很棒的設計，但你能嘗試的動物造型數之不盡。

這一章也分享了一些適合裝飾手沖咖啡的設計，但本章中的所有圖案，都適合在寶貝奇諾上製作，特別是季節性的聖誕老公公（詳見第98頁）、復活節兔寶寶（詳見第99頁）以及萬聖夜（詳見第100頁）圖案。其中一些3D設計還運用了雕花技術和彩色牛奶，添加更多細節。

這是寶貝奇諾最簡單的設計之一，非常適合奶泡雕塑初學者。你需要一杯熱牛奶和些許巧克力粉。

寶貝奇諾掌印

Babyccino Footprint

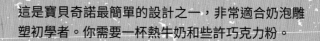

1

在小咖啡杯中裝滿溫度不超過攝氏 50 度（華氏 122 度）的熱牛奶，如此一來，飲料對孩童來說不至於太燙。打奶泡（一定要打發奶泡，而不只是蒸熱），放置一旁，留待稍後使用。

2 輕輕在工作檯上敲擊杯底，讓牛奶的表面變得更加均勻，接著在奶泡頂端撒上一層巧克力粉。這是3D設計的基底，能防止奶泡沉入寶貝奇諾當中（小朋友也喜愛額外的巧克力層）。

3 咖啡杯把手朝右，在液面下半部中央，舀上一球打發的奶泡，做出掌印的肉球部位。

4 在肉球上方，加上四球較小的奶泡，作為腳趾印。

變化版

製作熊熊家族：準備與基本版本相同的濃縮咖啡杯，接著再額外準備一杯棕色奶泡。使用雕花工具和棕色奶泡，在每球奶泡上，畫上熊臉。在圖例當中，我還加上了攀在杯緣往下看的第五隻熊。

這是掌印圖案的變化版，
製作出一頭友善的寶貝奇諾熊。

Babyccino Bear

在小咖啡杯中裝滿溫度不超過攝氏 50 度
（華氏 122 度）的熱牛奶，如此一來，飲
料對孩童來說不至於太燙。打奶泡（一定
要打發奶泡，而不只是蒸熱），放置一旁，
留待稍後使用。

1

2

輕輕在工作檯上敲擊杯底，讓牛奶的表面變得更加均勻，
接著在奶泡頂端撒上一層巧克力粉。這是 3D 設計的基底，
能防止奶泡沉入寶貝奇諾當中（小朋友也喜愛額外的巧克力
層）。

3

杯子把手朝右，舀上上一大球的奶泡，
做出熊的頭。加上兩球較小的奶泡當作
耳朵，再加上一對奶泡，做出熊掌。

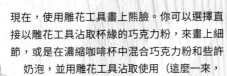

現在，使用雕花工具畫上熊臉。你可以選擇直接以雕花工具沾取杯緣的巧克力粉，來畫上細節，或是在濃縮咖啡杯中混合巧克力粉和些許奶泡，並用雕花工具沾取使用（這麼一來，也能避免弄亂杯緣的巧克力）。為你的熊加上鼻子、嘴巴、眼睛、耳朵和熊掌印。

變化版

大象寶貝奇諾——這個版本也同樣使用了一杯撒上巧克力粉的奶泡。將杯子放在身前，把手朝右。在液面底部加上一大球的奶泡，做出大象的頭，接著在左右兩側分別加上較小的一球奶泡。沿著杯子的手把加上奶泡，做出象鼻。使用雕花工具和巧克力粉，添加細節。

章魚寶貝奇諾——這個有趣的版本同樣使用了一杯撒上巧克力粉的奶泡，頂端加上一大球的奶泡，如圖做出章魚的身體。接著，從章魚的身體開始，往杯緣的方向加上奶泡，沿著杯身延伸製作出觸手。使用雕花工具和巧克力粉，加上細節。

寶貝奇諾豬
Babyccino Pig

這個寶貝奇諾圖案也可以做得更大，用來裝飾咖啡。但在牛奶上製作，成品的效果更佳、也更持久。由於所需的奶泡量較少，在較小的杯子上進行雕塑時，也能更快達到需要的高度。

在小咖啡杯中裝滿溫度不超過攝氏 50 度（華氏 122 度）的熱牛奶，如此一來，飲料對孩童來說不至於太燙。打奶泡（一定要打發奶泡，而不只是蒸熱），並將些許奶泡倒入一個濃縮咖啡當中，加入一點點紅色食用色素，製作出粉紅色的奶泡。

1

2

輕輕在工作檯上敲擊杯底，讓牛奶的表面變得更加均勻，接著在奶泡頂端撒上一層巧克力粉，做出 3D 設計的基底。

3 使用兩把尺寸不同的湯匙（例如小湯匙和甜點匙），以「橄欖錐形」法製作奶泡：將奶泡從一把湯匙上刮到另一把湯匙上。別擔心過度打發奶泡，這個過程只會讓奶泡的質地變得更易塑型。

4 將一大球紮實的奶泡置於液面中央，做出小豬的頭。你可能需要多加至少一大匙的奶泡，才能達到理想高度。

在「豬頭」的上方加上兩球較小的奶泡，當作耳朵，將湯匙向上劃，做出尖耳朵的效果。加上幾球較小的奶泡，做出鼻子，再加上兩小球奶泡，做出豬蹄。

5

6 使用雕花工具，為豬鼻、眼睛、耳朵加上粉紅色。

7

使用雕花工具，沾取杯緣的巧克力奶泡，畫上眼睛和鼻孔。

貓抓魚

Cat Catching a Fish

這個生動的3D設計橫跨兩個杯子——膽小請勿嘗試！一旦技巧達到爐火純青，這個雕塑便能讓人歎為觀止。

TIP

將奶泡以橄欖錐形法處理，變得更紮實更充滿空氣，雕塑將變得更堅固更持久。

1 要製作這個圖案，你會需要兩個不同尺寸的杯子——濃縮咖啡杯和卡布奇諾杯。你也會需要在一個濃縮咖啡杯中，混合奶泡與巧克力粉，留待稍後使用。在兩個尺寸不同的咖啡杯中，各注入濃縮咖啡，並分別注入熱牛奶，製作出基底（詳見第7頁）。將這兩個杯子緊鄰擺放，濃縮咖啡杯在前、卡布奇諾在後，把手朝右。

2 使用兩把尺寸不同的湯匙（小湯匙和甜點匙），製作出一球「橄欖錐形」奶泡：將其中一把湯匙上的奶泡刮到另一把湯匙上。首先製作貓的身體：在較大的咖啡杯上，與濃縮咖啡杯接觸的杯緣處，加上幾球紮實的奶泡。將奶泡塑型成橢圓形，朝上方延展。繼續在頂端加入奶泡，直到你對身體的形狀與高度滿意為止。

3 接下來，使用更多紮實的奶泡，在貓咪的身體上，距離杯緣2公分（3/4吋）處，加上兩隻耳朵。使用橄欖錐形法，製作出更多紮實的奶泡，並在貓臉的兩側加上兩個貓腳掌。貓腳掌應從頂端杯緣處，延伸稍微超出杯緣。製作貓腳掌的奶泡，必須充滿空氣且非常硬挺，才不會很快就沿杯身垮下。

接著，使用更多紮
實的奶泡，加上一
條貓尾巴。

在濃縮咖啡
杯的液面上，
加上兩球逗號形
的奶泡，製作出兩條
魚沿著圓圈追著彼此尾巴
的圖案。

用雕花工具沾取巧克力奶泡，為
貓臉畫上鼻子和嘴巴。在貓臉的
兩側各加上三根鬍鬚，再加上兩
點當作眼睛。

繼續使用雕花工具和巧克力牛
奶，在貓腳掌上畫上線
條。接下來，在濃縮
咖啡杯的兩條魚
上，加入細節。
加上眼睛、
嘴巴和魚的輪
廓。除了尾鰭
之外，在魚的
頂端和身側也
加上魚鰭。

在貓耳朵上加上兩個小三角
形，接著再為貓頭加上一小撮
毛。接下來，在貓背上畫上一
條線，再加上花紋。

Santa Claus

聖誕老公公

遵循第 60 頁的說明，準備三個分別裝著紅、白和棕色奶泡的濃縮咖啡杯，使用巧克力粉製作棕色奶泡。接下來，取一個較大的咖啡杯，把手朝外，在杯中製作基底（詳見第 7 頁），裝滿咖啡杯。

使用一把小湯匙，在液面上做出一個高大的三角形奶泡。在此，不需使用「橄欖錐形」法，因為這個設計不需要高出液面頂端太多。在三角形的頂端，加上一球奶泡，作為聖誕老人帽子的尖端。

使用雕花工具，沾取巧克力奶泡，為聖誕老人的帽子和頂端的小球畫上輪廓。

畫上帽簷，並在帽簷之下，畫上聖誕老人的雙眼、眉毛和鼻子。從鼻子開始，畫上兩條線形成八字鬍，延伸向杯緣，畫出鬍子的輪廓。現在，使用雕花工具和紅色奶泡，為聖誕帽上色。

變化版

在這個設計中，我使用咖啡作為基底，但如果你也想為孩子製作這個圖案的話，也可以用熱牛奶，頂端加上一層巧克力作為基底，甚至是在一杯熱巧克力頂端製作本圖案，當作點心。

這個超可愛的設計非常適合在復活節享用。

Easter Bunny

復活節兔寶寶

1
遵照第60頁的說明，準備三個分別裝著紅、白和棕色奶泡的濃縮咖啡杯，使用巧克力粉製作棕色奶泡。

2
手持一個卡布奇諾杯，把手朝外。首先製作基底（詳見第7頁），並裝滿卡啡杯。在液面偏離中心處，舀上厚厚的白色奶泡做出一個圓圈。

3
接下來，使用「橄欖錐形法」（詳見第95頁），在兔頭的頂端，加上兩球紮實的奶泡，做出3D兔耳朵。

4
使用雕花工具，沾取巧克力奶泡，畫上兩顆眼睛、鼻子和嘴巴。接下來，為耳朵加上細節。

在兔寶寶嘴巴之下，加上一球紅色奶泡，做出舌頭。為兔寶寶加上幾根鬍鬚，完成圖案。

5

這個萬聖節設計在咖啡表面上創作出一幅令人毛骨悚然的畫面──是個很棒的季節性作品。

Hallowe'en 萬聖夜

1 遵照第 60 頁的說明，準備三個分別裝著紅、白和棕色奶泡的濃縮咖啡杯，使用巧克力粉製作棕色奶泡。接下來，取一個較大的咖啡杯，把手朝外，製作基底（詳見第 7 頁），裝滿咖啡杯。

2 在液面偏離中心處，舀上白色奶泡做出一個圓圈，作為鬼臉。使用小湯匙把餅的尾端，沾取巧克力奶泡，在液面下半部，畫上地面輪廓，並塗滿棕色。

3 從地面往上延伸畫出一顆充滿節瘤的樹，並畫上樹枝，其中一根樹枝朝旁邊延伸，懸在白色鬼臉的上方。用雕花工具沾取巧克力奶泡，畫上細節，例如地面向上突出的乾枯樹枝，和天空盤旋的蝙蝠。在橫跨天空的樹枝上，以巧克力畫出一條繩索，掛住白色圓圈。

4 使用紅色奶泡，在白色圓圈的下半部畫上嘴巴，再在上方畫上兩隻眼睛。使用雕花工具，在嘴巴周遭拉出細小的白牙。點上兩小滴巧克力奶泡，做出瞳孔，完成萬聖夜圖案。

這個圖案仰賴你對「橄欖錐形」法的精通，來打出紮實的奶泡。即使是高大的山頭，也能定型不動。

Mountain Range 山脈

TIP

製作這個設計時，速戰速決才是上策，因為高山終究敵不過重力，最後仍會塌回平地。

1

按照第 60 頁的說明，在一個濃縮咖啡杯中準備棕色奶泡。這個圖案最適合在熱牛奶基底上製作，因此，在一個卡布奇諾杯中裝滿充滿奶泡的熱牛奶。輕輕在工作檯上敲擊第一個杯子的杯底，讓牛奶的表面變得更加均勻，接著在奶泡頂端撒上一層巧克力粉。

2

使用「橄欖錐形」法（詳見第 95 頁），將奶泡做得更紮實堅硬。在咖啡杯的中心舀上一球紮實的奶泡。重複這個步驟，在中央主峰的兩側，製作出兩座山。你可以用湯匙來移動山峰跟塑型。

3

使用小湯匙把餅的末端，沾取白色奶泡，沿著山脈前的「平地」畫出波浪線條。

4

最後，使用雕花工具和棕色奶泡，從每座山峰的底座，向上拉出深色線條，創造出山壁裂縫的效果。

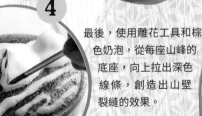

3D Flower

3D花朵

這個圖案之所以會出現在這一章中，是因為除了雕花，它也運用了奶泡——花朵和綠葉應會從液面微微凸起。

遵照第 60 頁的說明，準備四個分別裝著白、粉紅、綠和棕色奶泡的濃縮咖啡杯，使用巧克力粉製作棕色奶泡。接下來，取一個較大的咖啡杯，使把手朝外，製作基底（詳見第 7 頁），裝滿咖啡杯。

1

2

使用小湯匙，沾取白色奶泡，並在液面中央偏杯緣處，點上五個點，組成一個圓圈，做出花朵。

使用雕花工具，將每球圓點向外拉出尖端，做出花瓣形狀。

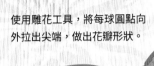

使用雕花工具，沾上更多白色奶泡，在花朵中央點上中心。

3

4

5

繼續使用雕花工具，沾取白色奶泡，朝下畫出花梗。從主要花梗開始，延伸畫出兩條白色的小葉梗。

6

使用小湯匙的末端，沾上綠色奶泡，在每根葉梗旁點上一點綠色。使用雕花工具，從綠色圓點拉出尖端，做出葉片形狀。

7

以小湯匙把柄沾取些許巧克力奶泡，在每片葉子上畫出葉脈，並在植物下畫出地面。你可以使用更多綠色奶泡，隨心所欲地裝飾圖案——在圖例中，我加上了一些青草。

8

使用雕花工具末端，沾取粉紅奶泡，在花朵中央點上一點粉紅。最後，在每片花瓣中，畫上精緻的粉紅橢圓。

黑帶級咖啡師

BLACK
BELT
BARISTA

這些設計既複雜又高技術性，不適合膽小怕事之徒。在本章中，揭開了我一些得獎作品背後的技術秘辛，讓你在家中嘗試。有些圖案非常難以掌握，需要高度技巧和耐心，因此，唯有不斷練習，才是蹊徑。我強烈建議你，先精通基本圖案，直到對你的直接注入法技能有自信之後，再嘗試本章中的設計。有時候，將圖案分解成個別的元素，逐一練習，再將它們組合在一起，是個很好的方法。

本章中大部分的圖案，應用了我標誌性的色彩，以及雕花細節，來提昇成果。有些圖案是我的得獎作品，並充分地呈現了咖啡藝術的精髓。

就跟本書中其他的設計一樣，歡迎將這些圖案當作起點，讓想像力與創意帶領你自由創作。不論是哪個圖案，你都可以隨心所欲地加入或減少細節。有時候，保持簡約效果更好，但對某些圖案來說，加上額外的雕花細節能帶來更佳的成果。

貓頭鷹
Owls

這個設計在2016年上海的世界拉花藝術大賽首次登場——圖案中包含了我標誌性的色彩應用。一旦掌握直接注入和雕花法後，非常適合進階學習這個作品。

1 遵照第60頁的說明，準備四個分別裝著白、黃、紅和綠色奶泡的濃縮咖啡杯，使用巧克力粉製作棕色奶泡。接下來，取一個較大的咖啡杯，把手朝外，製作基底（詳見第7頁），將杯子裝至三分之二滿。

2 由左至右，注入四片小葉子（詳見第12頁），並在第一和第二片，以及第三和第四片葉子之間，保留空隙。這些葉子會成為兩隻貓頭鷹的翅膀。放下咖啡杯，把手朝向3點鐘方向。使用雕花工具，在每隻翅膀上，分別由下往上畫出一條線，讓邊緣變得更加平滑。

3 使用小湯匙把餅的末端，在每對翅膀上加上兩小球奶泡，做出雙眼。在每對翅膀上，加上兩小球更小的奶泡，做出貓頭鷹的腳。

4 繼續使用小湯匙和白色奶泡，在每隻貓頭鷹下方，畫上小半月形，使用雕花工具和白色奶泡，在這兩個半月型之上，各加上一條較細的線。

5 使用小湯匙把柄的末端和黃色奶泡，在兩隻貓頭鷹下方畫出一根樹枝。

現在，使用雕花工具和白色奶泡，為貓頭鷹的頭描繪輪廓。使用白色奶泡，分別為兩隻貓頭鷹點上鳥喙，並用雕花工具拉出喙尖。 **6**

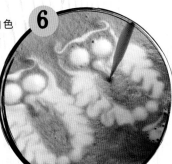

7 使用小湯匙把柄的末端，沾取杯緣深色的咖啡，在眼睛中點上眼珠。

8 使用雕花工具和紅色奶泡，點上瞳孔。

9 使用雕花工具和白色奶泡，在貓頭鷹的胸前畫上斷斷續續的羽毛。接著，從每隻貓頭鷹下方的半月形開始，分別往上拉出四條線，做出尾巴的羽毛。

使用紅色奶泡，在貓頭鷹下的樹枝點上莓果。接著，使用綠色奶泡，為莓果加上綠葉。最後，使用雕花工具和白色奶泡，為每粒莓果點上光澤。

10

這個困難的設計奠基在多層鬱金香圖案上，在結尾加上少許雕花設計，將這個圖案變身成嚇人的蠍子。記得手腕保持靈活，因為在製作過程當中，杯子的方向會改變五次之多。

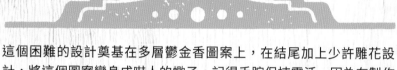

蠍子

1　手持咖啡杯，把手朝外。首先製作基底（詳見第 7 頁），將杯子裝至半滿。從液面中心開始，注入三層鬱金香（詳見第 18 頁）。

2　旋轉杯身，把手朝內，接著注入三層未完成的鬱金香，將前一步驟的三層鬱金香向外推展，原本的圓形將變得扭曲。

3　再次旋轉杯身，回到把手朝外的起始點，再注入三層較小、未完成的鬱金香，繼續推展先前的鬱金香層。新的鬱金香會成為蠍子的尾巴。

4 再次旋轉杯身，把手朝內，在蠍子身體的兩側，分別加入三層未完成的小鬱金香，在接近杯緣處停下。這些鬱金香層會成為蠍子的鉗足。

再一次旋轉杯身，把手朝向 3 點鐘方向，在蠍子的尾巴注入六層較小且未完成的鬱金香，順著杯緣捲起。在最後一層稍作停留，並將奶流向下拉，做出尾巴的尖端。 **5**

6 輕輕將杯子放在桌上，把手朝向 3 點鐘方向，拾起雕花工具。從兩個鉗足間的頭部拉出兩個尖端，做成蠍子的嘴巴。

7

在兩個鉗足的尾端也分別拉出兩個尖端，做出鉗子效果。

維京船

Viking Ship

這個生動又困難的圖案讓觀眾拍案叫絕。注入牛奶時，雙手必須要非常穩定，因此，在嘗試一口氣注入完整圖案之前，最好還是先練習個別元素的注入比較好。

為鬱金香加入第三層，但不要提起拉花杯，而是將第三層鬱金香變成葉子圖案（詳見第12頁），拉花杯朝杯緣移動。

手持咖啡杯，把手朝外。首先製作基底（詳見第7頁），將杯子裝至半滿。在液面中央注入兩層小鬱金香（詳見第18頁）。

2

1

旋轉杯子，把手朝內。在液面中央注
入四層鬱金香，將上一步驟製作的鬱
金香／葉子向上推擠。即將完成鬱金香
時，拉出一條線穿過中心完成。

3

4

在鬱金香底層（圖
案正中央的一層
鬱金香）其中一
側，注入牛奶延
伸出一條線，並在
線條尾端接近杯緣
處，注入一個小愛心
（詳見第 9 頁）完成。

5

在同一個鬱金香底層的另一
側，重複同樣的步驟。

6

旋轉杯子，把手朝向 3 點鐘方向。從液面一半處、最
初的鬱金香和葉子交界點開始，與先前注入的圖案
垂直，朝把手方向注入兩層的小鬱金香。拉出一條
線穿過這朵迷你鬱金香的中心，完成。

接著，旋轉杯子，把手
朝向 11 點鐘方向，重
複上個步驟，在另一
側製作出對稱的兩朵
迷你鬱金香。放
下杯子，把手朝
右，現在，你得
到了一個精緻又完全
對稱的圖案，形似維京船的船首，
底下的水面映照出船的倒影。

8

7

在液面底
部，第一朵
迷你鬱金
香和葉子
圖案間中
繼點，重
複上個步
驟，再次注
入同樣的迷
你鬱金香。

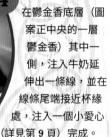

這個高雅的圖案需要專家級的注入技巧——記得先將漩渦鬱金香練得爐火純青，再挑戰完整的圖案。

Peacock in a Garden

園中孔雀

1 遵照第 60 頁的指示，準備兩個濃縮咖啡杯的奶泡，分別裝有白色和紅色的奶泡。接下來，取一個較大的咖啡杯，把手朝外，製作基底（詳見第 7 頁），並將杯子裝至半滿。

2 旋轉杯子，把手朝 4 點鐘方向。沿著杯緣，注入一個漩渦鬱金香（詳見第 24 頁），一邊旋轉杯子，填滿半邊的杯緣。即將完成時，沿著漩渦鬱金香的內緣拉出一條線。

3 旋轉杯子，把手朝內。在漩渦鬱金香的對面，注入兩片垂直相接的小葉子（詳見第 12 頁），做出一個小半圓。

4 在半圓葉子的內部，注入三個小愛心（詳見第 9 頁）。你會得到一個小玫瑰圖案。

5 旋轉杯子，把手朝向 4 點鐘方向。在漩渦鬱金香和小玫瑰之間，注入一個橫跨液面的葉子圖形，一邊注入牛奶，葉子一邊沿著玫瑰捲起。即將完成葉子圖案時，往回拉出一條線，在頂端捲曲，做出一個藻類般的漩渦。

注入作業告一段落，放下杯子，把手朝向 3 點鐘方向。使用雕花工具，拉出玫瑰花瓣的尖端（詳見第 61 頁）。**6**

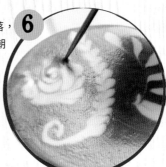

7 在玫瑰的底部，拉出一條細細的花梗，接著畫上兩片葉子，視需求補充白色奶泡。

使用雕花工具，從漩渦鬱金香最大一層的尖端開始，拉出一條纖細的脖子。在尾端彎曲，形成孔雀的頭部。使用更多白色奶泡，從頭部拉出鳥喙形狀。**8**

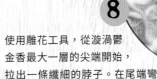

9 使用少許紅色奶泡，在孔雀頭頂點上冠羽。

TIP

你可以繼續隨心所欲地為這個美麗又精緻的場景加上細節，或是直接完成。

10 最後，使用白色奶泡，在孔雀和植被下方畫上波形線條。

Plum Tree

李子樹

這是另一個結合技術與藝術的風情畫。這也是我最愛的咖啡藝術作品之一。

1 遵照第 60 頁的說明，準備三個分別裝著白、黃、和紫色奶泡的濃縮咖啡杯，使用巧克力粉製作棕色奶泡。接下來，取一個較大的咖啡杯，把手朝外，製作基底（詳見第 7 頁），將杯子裝至半滿。

首先，製作樹。旋轉杯子，把手朝 3 點鐘方向，從液面頂端開始，注入一片半完成的葉子（詳見第 12 頁）。

2

3 旋轉杯子，把手朝 11 點鐘方向，從與第一片葉子相同的起點開始，朝反方向注入第二片半完成的葉子圖案。

4 與前兩片葉子垂直，從相同的起點開始，朝 5 點鐘方向，注入第三個半完成的葉子圖案，並在距離杯緣 1 公分（1/2 吋）處完成。

5 旋轉杯子，把手朝向 2 點鐘方向。在李子樹底部，朝右注入另一個水平的半完成葉子圖案。旋轉杯子，把手朝向 9 點鐘方向，並重複同樣步驟，在李子樹底部朝向另一側，注入另一個水平半完成的葉子圖案。

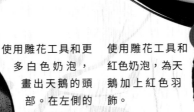

6 直接注入法作業告一段落，放下杯子，把手朝 3 點鐘方向。使用雕花工具和白色奶泡，在李子樹的右側，沿著葉子圖案的底部，拉出一條線，向上捲曲，製作出天鵝的脖子。

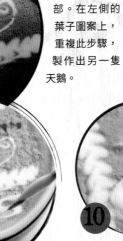

7 使用雕花工具和更多白色奶泡，畫出天鵝的頭部。在左側的葉子圖案上，重複此步驟，製作出另一隻天鵝。

8 使用雕花工具和紅色奶泡，為天鵝加上紅色羽飾。

10 使用紅色奶泡，在天鵝的身體上加上細節。

11 使用小湯匙把餅的末端，在樹上加上紫色點點，做出李子。

9 使用白色奶泡，在天鵝下方的水中，畫上波浪紋。

12 用白色奶泡在每顆李子上點上光澤。你也可以使用雕花工具和更多白色奶泡，畫出小「m」形，在天鵝上方加上一兩隻小鳥。

四天鵝
Four Swans

這個挑戰性極高的直接注入圖案由數個葉子圖案組成,因此,練習基本的葉子圖案能幫助你加強這方面的技能。這個圖案需要高度專注力,因為在注入過程中,杯子的方向會改變五次之多。

TIP

這個圖案需要精確控制,才能確保天鵝不會糊在一起。

①

手持咖啡杯,把手朝外。首先,製作基底(詳見第 7 頁),並將杯子裝至半滿。從杯子中心開始,朝 4 點鐘方向,注入一片葉子圖案(詳見第 12 頁)。沿著葉子圖案上緣拉出一條線完成。

2 旋轉杯子，把手朝內，並在第一片葉子圖案的對面，距離 1 公分（1/2 吋）處，注入第二片葉子。

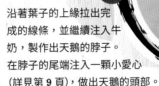

3 沿著葉子的上緣拉出完成的線條，並繼續注入牛奶，製作出天鵝的脖子。在脖子的尾端注入一顆小愛心（詳見第 9 頁），做出天鵝的頭部。

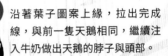

4 旋轉杯子，把手朝向 3 點鐘方向。從距離液面中心 1 公分（1/2 吋）處開始，與前兩隻天鵝垂直，注入第三片葉子。

5 沿著葉子圖案上緣，拉出完成線，與前一隻天鵝相同，繼續注入牛奶做出天鵝的脖子與頭部。

6 旋轉杯子，把手朝向 1 點鐘方向，為第一隻天鵝加上脖子和頭部。

7 旋轉杯子，把手朝向 9 點鐘方向。在液面剩下的第四個方位，與其他三隻天鵝保持同樣的間距，注入第四片葉子。

8 沿著葉子的上緣拉過線條完成，並繼續注入牛奶，跟其他三隻天鵝一樣，做出天鵝的脖子和頭部。

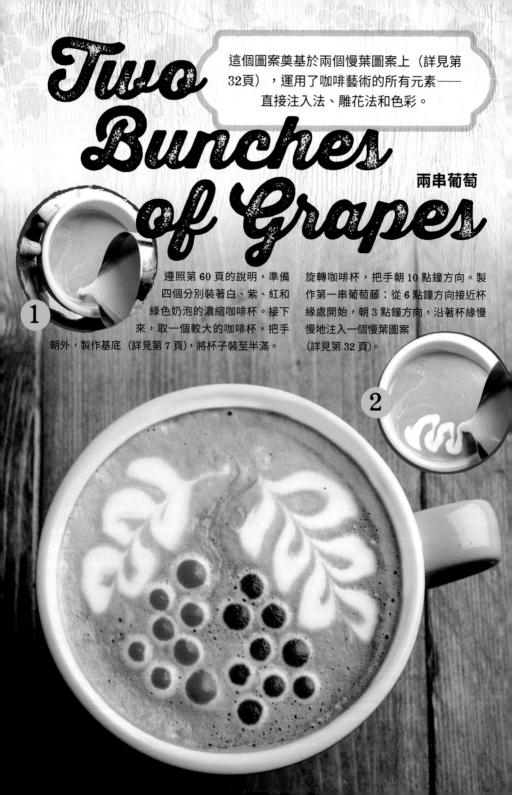

Two Bunches of Grapes

兩串葡萄

這個圖案奠基於兩個慢葉圖案上（詳見第32頁），運用了咖啡藝術的所有元素——直接注入法、雕花法和色彩。

1 遵照第 60 頁的說明，準備四個分別裝著白、紫、紅和綠色奶泡的濃縮咖啡杯。接下來，取一個較大的咖啡杯，把手朝外，製作基底（詳見第 7 頁），將杯子裝至半滿。

2 旋轉咖啡杯，把手朝 10 點鐘方向。製作第一串葡萄藤：從 6 點鐘方向接近杯緣處開始，朝 3 點鐘方向，沿著杯緣慢慢地注入一個慢葉圖案（詳見第 32 頁）。

拉出一條線穿過葡萄藤的中心完成慢葉。

3

4

旋轉咖啡杯，把手朝 1 點鐘方向。製作第二串葡萄藤：從杯子上緣開始，慢慢地沿著杯緣，在第一串葡萄藤的對面注入第二個慢葉圖案。拉出一條線穿過慢葉的中心，完成。

5

現在，使用一根小湯匙把柄的末端，沾上紫色奶泡，在右側的葡萄藤上點上紫色葡萄。

6

再次使用小湯匙和紅色奶泡，在左側的葡萄藤上點上紅葡萄。

7

使用雕花工具和白色奶泡，緩慢且小心地描繪每顆葡萄的輪廓。

8

用雕花工具沾上綠色奶泡，畫上葡萄梗，並在圖案中加上捲鬚。

我把這個圖案當作驚喜。注入工作的前半段，觀眾完全無法想像最終的成品究竟是什麼，每當尊絕的羅馬人側臉浮現時，總讓圍觀者拍案叫絕。雕花會讓設計變得更加出色，因此，先在一張紙上練習，再在咖啡上嘗試吧。

Roman Head

羅馬頭像

1

在一個小濃縮咖啡杯中，注入少許奶泡，留待稍後使用。接下來，取一個較大的咖啡杯，製作基底（詳見第 7 頁），杯子裝至三分之二滿。沿著杯子上半緣，注入未完成的七層漩渦鬱金香（詳見第 24 頁）。

2

從液面中心開始，朝向 2 點鐘方向，注入一片未完成的葉子圖案（詳見第 12 頁），做出羅馬人的桂冠。

3

直接注入作業告一段落，放下杯子，把手朝 3 點鐘方向。使用雕花工具，由上往下畫線穿過漩渦鬱金香的中心。

4

使用雕花工具和些許白色奶泡，在桂冠的上方，為羅馬將軍畫上方形的頭部。

5

在桂冠的右側，向下畫出鼻子，接著畫出嘴巴的輪廓。

6

使用更多奶泡，在嘴巴下方畫出下巴，接著繼續拉出曲線，做出下顎的線條。繼續朝桂冠的後側延伸線條。

7

沾取更多白色奶泡，畫上一隻耳朵、眼睛和眉毛。

朝底部的杯緣畫上脖子和肩膀。

8

變化版

你可以任意地裝飾這個圖案——例如，為頭髮加上細節，或是將桂冠上的葉瓣描繪地更加清晰。發揮創意，讓你的羅馬人的五官更有性格。

這個設計以葉子圖案搭配鬱金香為基礎，製作出龍的鱗片效果。你也可以任意加入更多彩色細節——在我製作的版本中，只選擇紅色製作火焰。

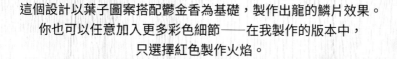

Dragon 龍

遵照第 60 頁的說明，準備兩個分別裝著白與紅色奶泡的濃縮咖啡杯。接下來，取一個較大的咖啡杯，把手朝向四點鐘方向，製作基底（詳見第 7 頁），將杯子裝至半滿。沿著底部杯緣，注入一個葉子圖案（詳見第 12 頁），並沿著葉子內緣拉出一條線完成。

2 旋轉杯子，把手朝內。注入與第一個葉子圖案相對稱的第二片葉子。

3 旋轉杯子，把手朝向四點鐘方向。從與前兩片葉子相同的起始點開始，注入最後一片葉子。在距離杯緣 2 公分（3 / 4 吋）處，停止注入，不要完成葉子圖案。

4 回到第三片葉子的起始點，緊鄰著上側，朝向手把，注入一個未完成的六層小鬱金香（詳見第 18 頁）。這些鬱金香層會形成龍脖子的鱗片。現在，從最後一層鬱金香開始，朝右拉出一條線，彎曲，再拉回這條線起始點的下方，做出龍頭。

5 直接注入法的部分完成，放下杯子，把手朝外。使用雕花工具和白色奶泡，沿著下顎描繪，使下巴輪廓更加突出。以雕花工具沾取杯緣深色的咖啡，畫出龍的嘴巴。

6 使用雕花工具和白色奶泡，在龍頭上加上一些尖刺和鬃毛。使用雕花工具沾取杯緣的深色咖啡，在龍頭上畫上一隻眼睛和其他細節。

7 最後，使用紅色奶泡，從龍嘴畫出噴發的火焰——自由發揮，增強戲劇效果吧！

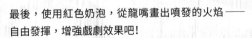

精緻注入法雙天鵝
Intricate Pour with Two Swans

這是本書中最困難的設計之一。你需要將鬱金香注入法鍛鍊到完美的境界，才能創造出這個對稱的優雅圖案。我為天鵝加入了雕花細節，但你也可以直接採用注入法的成品，效果一樣出色。

1 在一個濃縮咖啡杯中，注入少許奶泡，留待稍後使用。接下來，取一個較大的咖啡杯，把手朝外，製作出基底（詳見第 7 頁），杯子裝至半滿。從杯子中央開始，朝 3 點鐘方向，注入四層鬱金香（詳見第 18 頁）。

2 拉出一條線穿過鬱金香中心，回到液面中心點。

3 旋轉杯子，把手朝內。重複上個步驟，從杯子中心點開始，朝 3 點鐘方向，再次製作出一朵四層鬱金香，與第一朵背對背。

4 旋轉咖啡杯，把手朝向 3 點鐘方向。製作第一隻天鵝：再次從液面中心開始，與前兩朵鬱金香垂直，朝著 3 點鐘方向的杯緣，注入一個葉子圖案（詳見第 12 頁）。沿著葉子圖案上緣拉出一條線完成。

5

旋轉杯子,把手朝向 9 點鐘方向,在杯子的另一側注入另一片葉子(當作第二隻天鵝),再次沿著葉片上緣拉出一條線完成。

6

持拉花杯的手不動,沿著杯子上緣注入未完成的四層鬱金香。

旋轉杯子,把手朝向 3 點鐘方向,重複上個步驟,再次注入鬱金香。

7

8

直接注入法的部分完成,放下杯子,把手朝向 3 點鐘方向。使用雕花工具,沿著四朵未完成的鬱金香層內緣描繪。

9

使用拉花工具和些許白色奶泡,在左邊的天鵝上,畫上脖子,尾端彎曲,做出頭部。對右邊的天鵝重複同樣步驟。最後,在兩隻天鵝的頭頂分別點上三個小點,並從各個圓點畫線與天鵝的頭連接,形成羽冠。

Index

3D藝術 8, 88-103
　3D花朵 102-3
　山脈 101
　專用奶泡 8
　復活節兔寶寶 89, 99
　聖誕老公公 89, 98
　萬聖夜 89, 100
　貓抓魚 96-7
　　寶貝奇諾
　　熊 89, 92-3
　大象 93
　章魚 93
　掌印 90-1
　熊熊家族 89, 91
　豬 89, 94-5

二劃
人物
　美國原住民族酋長 52-3
　進擊的鯊魚 73, 81, 87
　墨西哥男子 39, 54-5
　衝浪客 39, 70-1
　羅馬頭像 120-1

三劃
大象 48-9
　寶貝奇諾 93
山脈 101

四劃
反轉鬱金香 22-3
天使與櫻桃樹 62-3
天鵝
　天鵝湖 73, 82-3, 87
　四天鵝 116-17
　直接注入法天鵝 20-1
　展翼天鵝 28-9, 50
　精緻注入法雙天鵝 124-5
牛奶
　奶泡 6, 8

　熱牛奶和打奶泡 6
　請參見寶貝奇諾；彩色牛奶

五劃
卡布奇諾圖案
　天鵝湖 73, 82-3
　咖啡豆 74
　星星 76
　笑臉 77
　聖誕樹 80
　雙心 75
四天鵝 116-17
奶泡器 6
打奶泡 6

六劃
多層鬱金香 18-19, 20, 23

七劃
李子樹 114-15

八劃
兔寶寶 44-5
兩串葡萄 118-19
咖啡豆 74
　模板 84
咖啡杯 6
咖啡杯尺寸 6
咖啡油脂 7
咖啡機 6
拉花杯 6
　製作基底 7
　請參見直接注入法
波浪鬱金香 36-7
玫瑰
　彩色玫瑰 60-1
　都鐸玫瑰 39, 40-1, 42
　模板玫瑰 73, 79, 86
直接注入法 14-37

反轉鬱金香 22-3
天使與櫻桃樹 62-3
天鵝 20-1
多層鬱金香 18-19, 20, 23
技法 15
波浪鬱金香 36-7
盆栽鬱金香 26-7
展翼天鵝 28-9
開底鬱金香 15, 30-1
葡萄藤 34-5
慢葉 32-3, 34
漩渦鬱金香 24
雙層愛心 16-17
直接注入法和雕花法 38-71
　大象 48-9
　小熊 46-7
　天使與櫻桃樹 62-3
　兔寶寶 44-5
　紅鶴 68-9
　美國原住民族酋長 52-3
　彩色玫瑰 60-1
　都鐸玫瑰 39, 40-1, 42
　跳躍海豚 58-9
　蜻蜓 56-7
　鳳凰 50-1
　墨西哥男子 39, 54-5
　蝴蝶 42-3
　衝浪客 39, 70-1
　獨角獸 66-7
　錦鯉 64-5
花朵，3D 102-3

九劃
星星 76, 85
紅鶴 68-9
美國原住民族酋長 52-3
風車 15, 25
首要建議 8

十劃
展翼天鵝 28-9, 50
神話生物
　鳳凰 28, 50-1
　獨角獸 66-7
　龍 122-3
笑臉 77, 85

十一劃
動物
　大象 48-9
　天鵝湖 73, 82 3, 87
　　請參見神話生物；天鵝
　兔寶寶 44 5
　昆蟲
　　蜻蜓 56-7
　　蝴蝶 42-3
　紅鶴 68-9
　展翼天鵝 28-9
　進擊的鯊魚 73, 81, 87
　雄鹿 78, 86
　園中孔雀 112-13
　跳躍海豚 58-9
　熊 46-7
　貓抓魚 96-7
　貓頭鷹 106-7
　錦鯉 64-5
　蠍子 108 9
　寶貝奇諾 89, 91, 92-3
　寶貝奇諾豬 89
兔寶寶 44-5
基本圖案
　愛心 9, 15
　鬱金香 10 11, 15
　葉子 12 13, 15
彩色牛奶 6, 39
3D花朵 102-3
天使與櫻桃樹 62-3
李子樹 114-15

兩串葡萄 118-19
紅鶴 68-9
彩色玫瑰 60-1
復活節兔寶寶 99
進擊的鯊魚 81
園中孔雀 112-13
聖誕老公公 98
萬聖夜 100
獨角獸 66-7
龍 122-3
彩色玫瑰 60-1
章魚寶貝奇諾 93
都鐸玫瑰 39, 40-1, 42

十二劃
復活節兔寶寶 89, 99
掌印，寶貝奇諾 90-91
進擊的鯊魚 73, 81, 87
開底鬱金香 15, 30-1
雄鹿 78, 86
黑帶級咖啡師 104-25
　四天鵝 116-17
　李子樹 114-15
　兩串葡萄 118-19
　園中孔雀 112-13
　精緻注入法雙天鵝 124-5
　維京船 110-12
　貓頭鷹 106-7
　龍 122-3
　羅馬頭像 120-1
　蠍子 108-9

十三劃
園中孔雀 112-13
愛心
　基本 9
　四天鵝 117
　葡萄藤 35
　園中孔雀 112

雙心 73, 75, 84
維京船 111
波浪鬱金香 36-7
雙層愛心 15, 16-7, 29, 42
跳躍海豚 58-9
丹・塔芒步 8
聖誕老公公 89, 98
聖誕樹 80, 87
萬聖夜 89, 100
葉子 12-13, 15
　大象 48-9
　四天鵝 116-17
　李子樹 114-15
　盆栽鬱金香 26-7
　紅鶴 68-9
　美國原住民族酋長 52-3
　展翼天鵝 29
　開底鬱金香 15, 30-1
　　請參見慢葉
　跳躍海豚 58-9
　慢葉 32-3, 34
　精緻注入法雙天鵝 124-5
　維京船 110-12
　蜻蜓 56-7
　獨角獸 66-7
　貓頭鷹 106-7
　龍 122-3
　羅馬頭像 120-1
葡萄
　兩串 118-19
　葡萄藤 34-5
跳躍海豚 58-9

十四劃
慢葉
　兩串葡萄 118-19
　基本 32-3
　彩色玫瑰 60-1
　葡萄藤 34

錦鯉 64-5
漩渦鬱金香 24
　風車 25
　園中孔雀 112-13
　衝浪客 39, 70-1
熊 46 7
　熊熊家族 89, 91
　寶貝奇諾 89, 92-3
精緻注入法雙天鵝 124-5
維京船 110-12
蜻蜓 56-7
製作基底 7
鳳凰 28, 50-1

十五劃
墨西哥男子 39, 54-5
模板法 72-87
　天鵝湖 73, 82-3, 87
　咖啡豆 74, 84
　玫瑰 73, 79, 86
　星星 76, 85
　笑臉 77, 85
　進擊的鯊魚 73, 81, 87
　雄鹿 78, 86
　聖誕樹 80, 87
　模板 84-7
　雙心 73, 75, 84
熱牛奶 6
蝴蝶42-3
衝浪客 39, 70-1

十六劃
器材 6
樹
　天使與櫻桃樹 62-3
　李子樹 114-15
　聖誕樹 80, 87
橄欖錐形法 8, 95, 96, 99, 101
濃縮咖啡 6
　咖啡油脂 7
獨角獸 66-7

貓抓魚 96-7
貓頭鷹 106-7
錐鑽 39
錦鯉 64-5
雕花工具 6, 39
　3D雕塑法 97
　山脈 101
　李子樹 115
　兩串葡萄 119
　花朵 102-3
　復活節兔寶寶 99
　進擊的鯊魚 81
　園中孔雀 113
　聖誕老公公 98
　萬聖夜 100
　精緻注入法雙天鵝 125
　鳳凰 28
　貓頭鷹 106-7
　龍 123
　羅馬頭像 121
　蠍子 109
　寶貝奇諾 93, 95
雕花和直接注入法 38-71
　大象 48-9
　小熊 46-7
　天使與櫻桃樹 62-3
　兔寶寶 44-5
　紅鶴 68-9
　美國原住民族酋長 52-3
　彩色玫瑰 60-1
　都鐸玫瑰 39, 40 1, 42
　跳躍海豚 58-9
　蜻蜓56-7
　鳳凰 50-1
　墨西哥男子 39, 54-5
　蝴蝶42-3
　衝浪客 39, 70-1
　獨角獸 66-7
　錦鯉 64-5
雕塑工具 39
龍 122-3

十八劃～二十八劃
雙心 73, 75
　模板 84
雙層愛心 15, 16-17
　展翼天鵝 29
　蝴蝶42
雞尾酒針 39
穩定注入/雕花 8
羅馬頭像 120-1
蠍子108-9
寶貝奇諾
　大象 93
　章魚 93
　掌印 90-1
　熊 89, 92-3
　熊熊家族 89, 91
　豬 89, 94-5
鬱金香 10-11, 15
　小熊 46-7
　反轉 22-3
　多層 18 19, 20, 23
　盆栽 26-7
　紅鶴 68-9
　展翼天鵝 28-9
　開底 15, 30-1
　請參見漩渦鬱金香
　精緻注入法雙天鵝 124-5
　維京船 110-12
　墨西哥男子 54-5
　錦鯉 64-5
　龍 123
　蠍子108-9